106

ESSENTIAL PRACTICE FOR DIGITAL PHOTOGRAPHY

摄亦有道

数码摄影的106种训练

陈丹丹 著

人 民 邮 电 出 版 社

北 京

内容提要

学习摄影其实远没有大家想象中那么复杂、那么难，关键是要找到一个好的学习方法，并且勤学多练。

本书将系统的摄影理论知识，分解为106个训练内容，每个训练配有大量的对比效果图，大家可以在对比中了解和掌握大量摄影专业术语，轻松完成摄影基础知识的学习。

本书内容大致分为以下三个部分：

第一部分是对相机操作的训练。这部分内容主要让大家在短时间内熟悉自己的器材，以便能在拍摄过程中熟练操作自己的工具。

第二部分是摄影构图、用光曝光和色彩的训练。这部分内容主要提升大家发现、捕捉美的能力。同一个场景，使用同样的设备，高手却能发现暗藏其中最具美感的瞬间，这就是一种发现美的能力。通过这部分内容的训练，可以提高大家对现场环境中细微之处的观察能力。

第三部分内容是不同摄影题材的实战训练。我们拍摄不同的题材，需要解决一些不同的问题，这些问题也许并不属于摄影范畴，但要想拍摄到精彩的作品，这些问题却不得不解决。比如拍摄儿童，首先我们需要学会如何搞定他们，跟孩子的互动和沟通是必不可少的环节。

本书适合摄影初学者学习摄影技巧，也适合具有一定基础的摄影爱好者用于提高自己的摄影水平。

前　言

周围经常有朋友问，我想学学摄影，要从哪里开始着手学呢？或者是，学摄影一般需要多久能学会呢？按我的理解，问这些问题的朋友，他们大致有以下几个需求：第一，我没专门的时间去学习的，毕竟我也不靠摄影吃饭；第二，我也不想看太深奥的摄影理论书籍呢！那个太耗费脑细胞了，我又不想深入钻研这个。我只想轻轻松松掌握一些诀窍，能在短时间让我拍摄的照片更漂亮一些就可以了。最好是有一些固定的训练，按部就班做完这些训练，我的摄影水平能马上提到到一个令人刮目相看的地步就可以了！

根据大家以上的需求，我们编写了这本书，书中将整个摄影体系分解为106个训练知识点，每个训练独立成文，即便你是刚刚接触摄影的初学者，只要按照本书内容逐步完成这106个训练，那么你基本就完成了摄影中最基本的构图、用光、色彩以及不同拍摄题材等内容的学习，并且可以让你在最短时间内完成从菜鸟到高手的转变，拍摄出令人赞不绝口的精美摄影作品。

跟市面上大多摄影技法图书相比，本书有以下几个特点：

1. 每个训练点独立成文。

本书将系统的摄影知识，分解成一个个独立的知识点，让读者可以利用课间十分钟、等地铁的时间、午间休息时间，甚至看电视时播放广告的时间来阅读和学习摄影技法。

2. 在实战训练中学习摄影技法。

不只是讲解枯燥的理论知识，本书通过大量的实拍训练来告诉读者摄影中需要使用的技法。在摄影实战过程中学习，能让人更加印象深刻。

3. 大量对比照片，让学习更轻松。

好与不好，如果用对比照片来说明，可以省略大量的文字说明，这样能让阅读变得更加轻松高效。书中使用了大量的对比照片，可以让大家不用去看大段冗长的文字，让学习更轻松。

总之，这是一本在形式上新颖有趣，内容上系统完整的摄影技法图书。适合希望快速提升摄影技法的初学者阅读学习。

本书能在既定时间顺利完稿，首先感谢赵子文、付文瀚对本书图文的整理。另外，感谢摄影师（排名不分先后）王庆飞、张志超、赵子文、董帅、张韬、周盼盼、付文瀚、白岐、尤龙、吴法磊、王军等为本书提供精美的摄影作品。更感谢作为读者的您，从浩瀚的书海中，唯独捡拾起我们编写的这一本。希望书中每一个感动我的文字和图片，同样也能打动您。

我们在编写书稿的过程中，对技术的把握力求严谨准确，对文字的核对力求通畅易读，但仍难免存在疏漏，欢迎影友指正。邮箱：770627@126.com。

目录

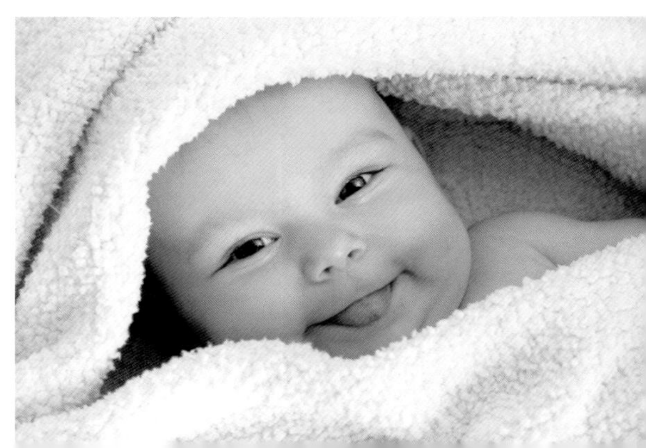

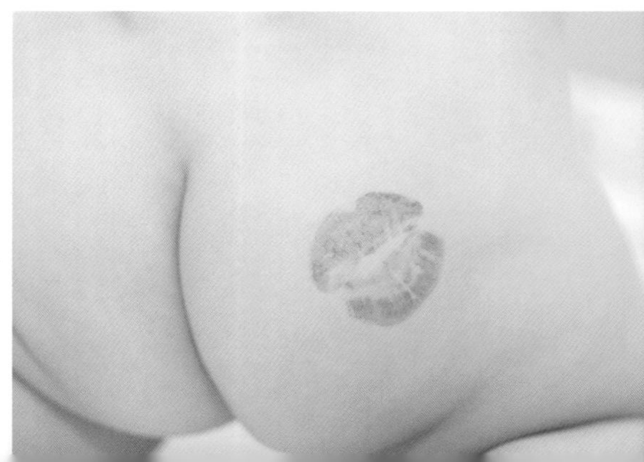

第1部分

熟悉相机

谈及摄影，不得不说的便是相机，对于初学者来说，熟悉自己手中的相机也是摄影的开始。

本章将从与机身有关的功能入手，逐步熟悉拍摄所用的相机。

训练1　不同光圈的练习

光圈，英文名称为Aperture，通常出现在镜头内，是一个用来控制进光量的装置，它控制着透过镜头进入机身的光量多少，通常用“F(f/)”来表示。需要注意的是，对于同一支镜头，光圈数值越小代表光圈开口越大，比如f/2.8的光圈开口要大于f/8.0的光圈开口，所以称光圈f/2.8是大于光圈f/8.0的。

在摄影中，光圈除了对曝光有所影响之外，还直接影响着画面的景深范围，也就是画面中清晰区域的范围。通常，对于同一场景、同一焦段、同一拍摄位置，光圈值越大，照片景深范围越小。这就使得我们在拍摄不同题材时，可以通过控制光圈来控制照片的画面效果。

为了更好地熟悉光圈，并在较短时间内掌握光圈的实际运用，可以在学习摄影的前期，专门做一些针对光圈的练习。

镜头中的光圈部件

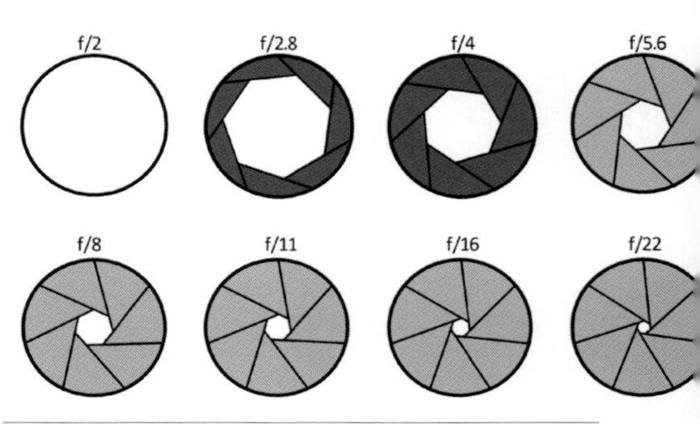

光圈大小与光圈值对应表

当然，在做光圈训练之前，首先需要掌握相机中设置光圈的方法。

通常，在数码单反相机中，可以在手动模式或光圈优先模式下，灵活设置光圈。但是，为了确保照片曝光准确以及更直白地了解光圈，多选择光圈优先模式进行练习。

以佳能和尼康相机中的光圈优先模式为例，具体设置方法如下。

佳能数码单反相机，光圈优先模式下，光圈设置方法如下。

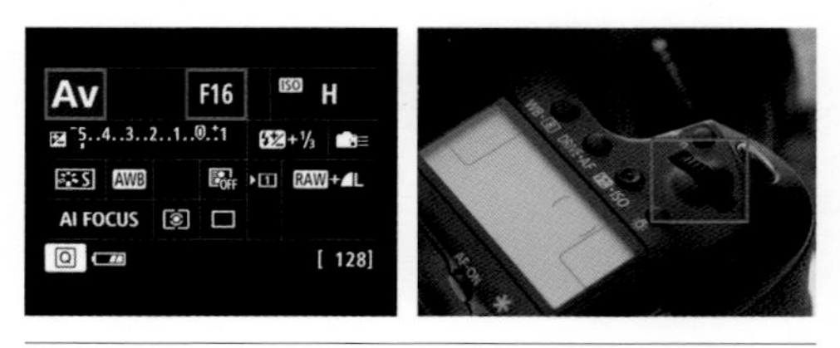

在光圈优先模式下，直接转动机身顶部的主拨盘，便可设置光圈。

尼康数码单反相机，光圈优先模式下，光圈设置方法如下。

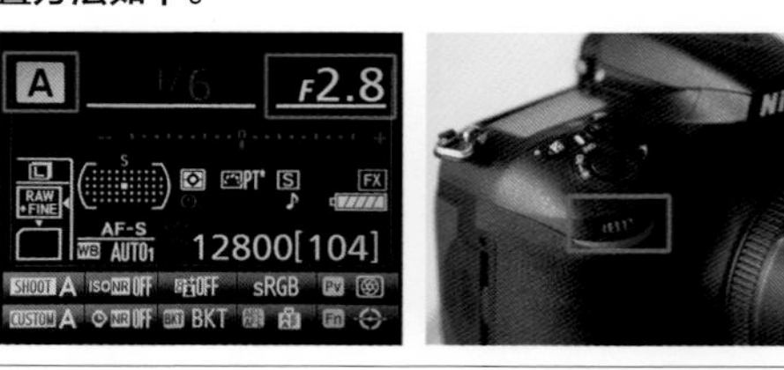

光圈优先模式下，直接转动机身顶部的主指令拨盘，便可对光圈进行设置。

在实际练习光圈设置时，可以将这种训练分为两种，即同一场景不同光圈的练习和不同题材中光圈的练习。

拍摄同一场景时，观察光圈与景深的关系，练习背景虚化程度，从而逐步提升拍摄水平。并继而在以后的拍摄中，可以根据需要快速设置相应的光圈大小。

f/10　f/8.0　f/5.6

f/4.5　f/3.5　f/2.5

拍摄不同题材时，选择与该题材最为适合的光圈值进行拍摄。另外，在拍摄中，还需要注意根据拍摄需要选择适合的光圈大小。

风光摄影中时，选用小光圈，可以使场景里远处与近处的景色都清晰起来

花卉摄影中，使用微距镜头拍摄时，可以选用中等或更小光圈，从而使画面中有足够的景深，确保花蕊清晰

儿童摄影中，使用大光圈虚化前景，增加照片空间感，使照片更精彩

城市夜景拍摄中，小光圈可以营造明显的星芒效果

训练2　不同快门速度的练习

快门，是指数码单反相机镜头前阻挡光线的机械开合装置，它的作用是控制光线投射在感光元件上的时间长短，进而影响最终的曝光结果。因为是指时间的长短，所以快门速度常用“秒（s）”作单位。

快门速度与照片的曝光呈现出负相关关系，也就是说，其他条件不变的情况下，快门速度越快，照片曝光量越少，画面越暗。除了与曝光之间的关系外，快门速度的快慢还直接影响着场景中运动主体的最终虚实效果。

相机机身处的快门部件

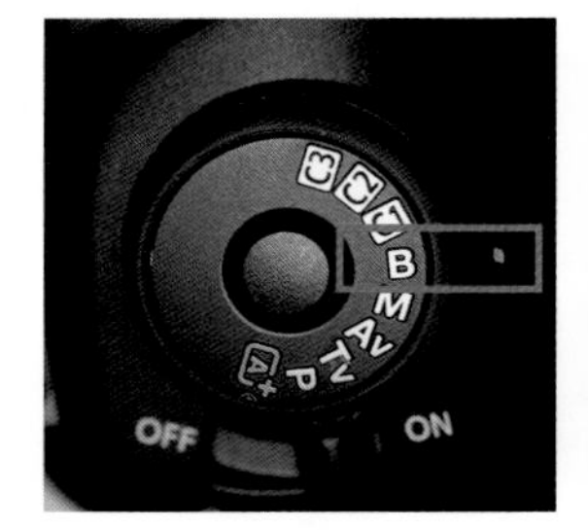

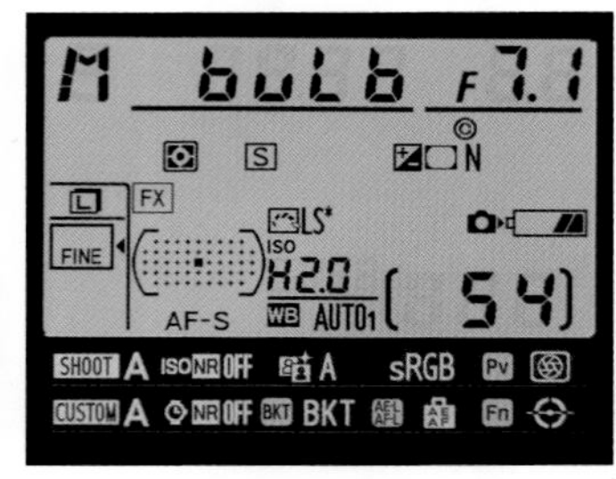

B门模式，使用该拍摄模式，在控制快门速度的时候与平时不同。这主要体现在，以往使用其他拍摄模式拍摄时，是先设置好快门速度具体数值，然后按下快门按钮，相机完成拍摄；而在B门模式下，具体的曝光时间，也就是快门速度的具体数值，是通过按下与释放快门按钮的时间来确定的，也就是说，按住快门按钮与释放快门按钮之间的时间就是相机曝光时间。

利用该拍摄模式，可以更为灵活地操控快门速度，以应对不同的拍摄题材

在练习快门速度的时候，先要了解自己手中相机快门速度的设置方法。

通常，为了确保照片曝光准确，并且可以快捷地设置快门速度，会选择快门优先模式进行拍摄。

佳能数码单反相机，快门优先模式下，快门设置方法如下。

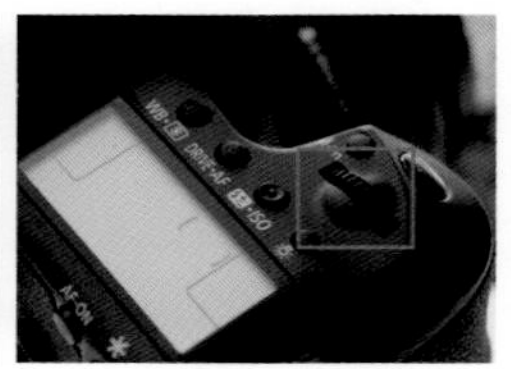

在快门优先模式下，直接转动机身顶部的主拨盘，便可轻松设置快门速度

尼康数码单反相机，快门优先模式下，快门设置方法如下。

快门优先模式下，直接转动机身顶部的主指令拨盘，便可对快门速度进行设置

与光圈练习相同的是，在对快门速度进行练习时，也可以选择以相同的快门速度拍摄不同场景中的题材和以不同的快门速度拍摄相同场景中的题材。

拍摄同一场景时，使用不同的快门速度并观察画面中动态主体的成像效果，会发现，快门速度越慢时，照片中动态主体越模糊；快门速度越快，动态主体越清晰。

1/10s　1/30s　1/250s
1/1600s　1/3200s　1/5000s

从以上对比可以看出，在拍摄不同题材作品时，需要选择适合的快门速度。

拍摄瀑布时，使用较慢的快门速度，可使瀑布流动的轨迹呈现出如丝如雾的视觉效果

拍摄高速飞翔的鸟，可以使用高速快门进行拍摄

拍摄运动题材时，使用高速快门可以表现其动态瞬间

拍摄星轨时，使用慢速快门，可以表现星星转动轨迹

训练3 不同感光度的练习

在摄影领域，感光度是指相机中感光元件（CCD或CMOS）对光线感应的灵敏程度，也可以说是影像传感器产生光化作用的能力。一般以ISO数值来表示感光度，感光度数值越大，感光元件对光线感应越灵敏。

感光度与曝光的关系，简单来说，便是同一场景中，光源不变的情况下，当光圈与快门速度一定时，感光度越高，感光元件对光源感应越灵敏，照片就会越亮；反之，感光度越低，照片则会越暗。

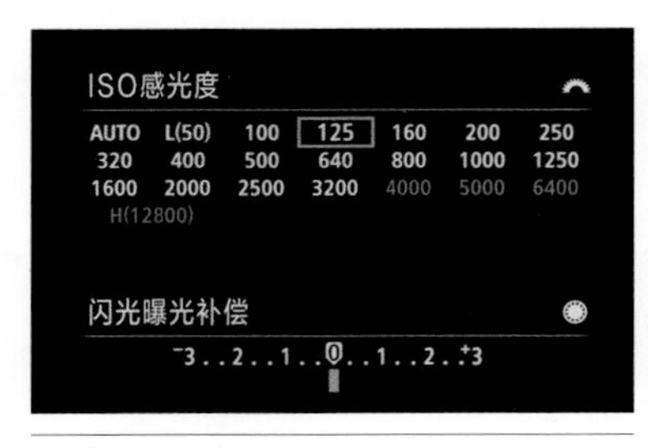

佳能相机的感光度设置菜单

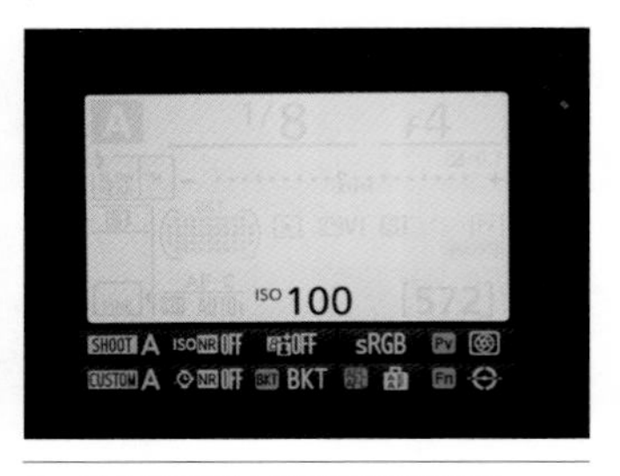

尼康相机的感光度设置选项

与快门速度、光圈练习相同，在训练开始之前，需要先熟悉感光度的设置方法。

另外，为了更好地观察感光度对画面效果的影响，最好选择光线较暗的环境，并且多练习同一场景中不同感光度下，画面中的实际效果。

佳能数码单反相机的感光度设置方法如下。

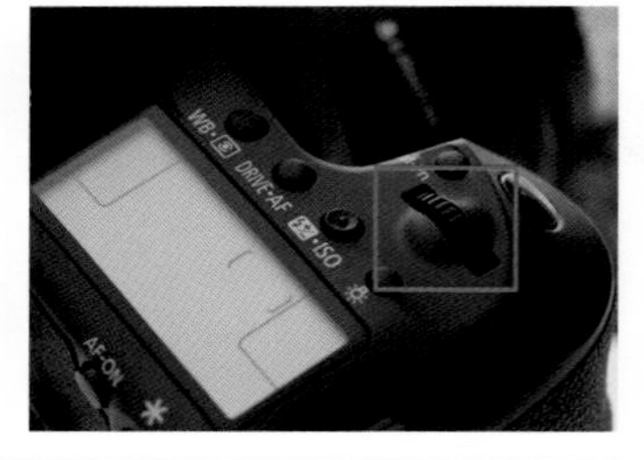

按下肩屏上方的感光度设置按钮，转动主拨盘，便可以对感光度进行设置

尼康数码单反相机的感光度设置方法如下。

按住机身上的感光度快捷设置按钮，并转动主指令拨盘，便可以对感光度进行设置

感光度的练习过程中，可以发现，感光度越高，画面中会出现越多的噪点，这也一定程度上影响了画面质量。因此，在实际拍摄中，需要注意感光度的运用。

同一场景中，不同感光度下的照片画面效果对比如下。

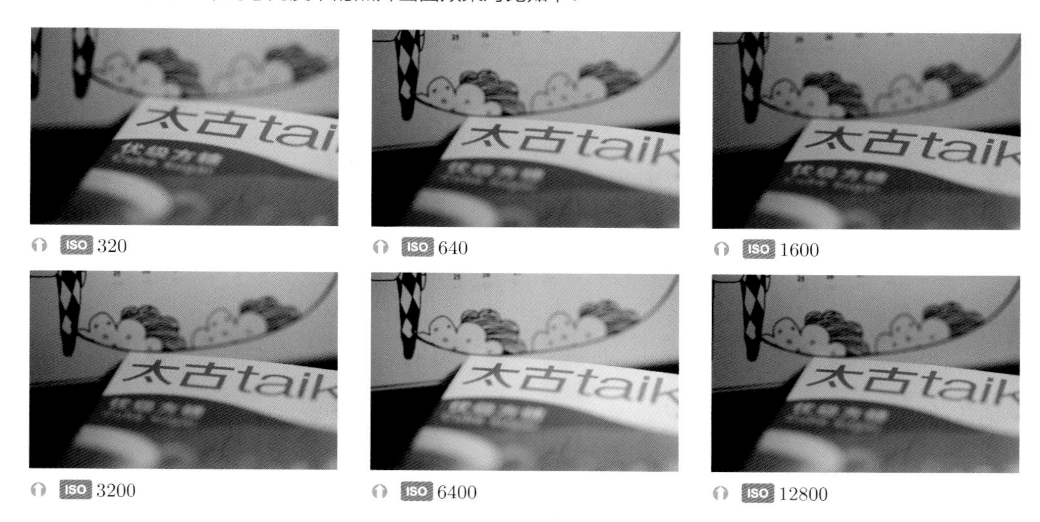

ISO 320　　ISO 640　　ISO 1600

ISO 3200　　ISO 6400　　ISO 12800

在光圈不变的情况下，感光度升高，保证曝光准确的情况下，也可以使得快门速度增加。因此，在拍摄一些高速运动的主体时，多选择以提高感光度的方法进行拍摄。

拍摄飞鸟时，提高感光度，以使快门速度增加

室内拍摄北极熊时，可以增加感光度

手持拍摄灯笼的时候，提高感光度，可以确保照片清晰

拍摄舞台作品时，提高感光度，可以增加拍摄成功率

训练4　不同白平衡的练习

简单来说，白平衡就是指白色的平衡。色温，并不是说颜色的温度，而是指物体在不同温度状态时，会呈现出不同的颜色，色温，就是定量地以温度来度量颜色。

白平衡与色温，在照片中的表现就是，在同一场景拍摄时，使用不同白平衡，照片会呈现出不同色调。在实际运用中，最常见的运用白平衡与色温的目的还是为了确保照片色彩还原准确。

佳能相机的白平衡设置菜单

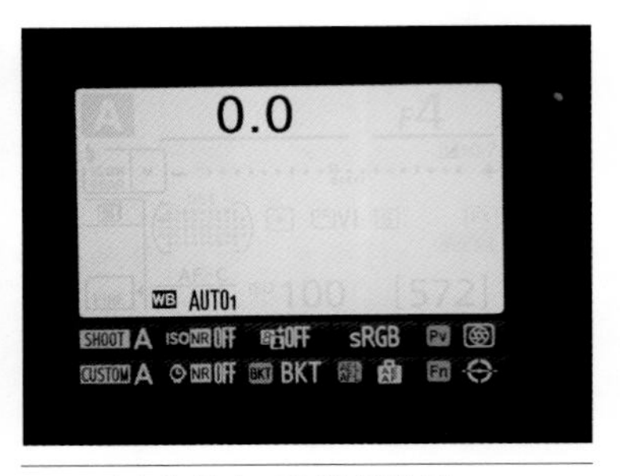

尼康相机的白平衡设置选项

在实际拍摄中，运用白平衡可以一定程度上改变照片整体色调。当然，在一些情况下，通过设置白平衡，还可以纠正照片色彩不准的现象。

具体拍摄时，要先熟悉相机白平衡设置方法。

佳能数码单反相机的白平衡设置方法如下。

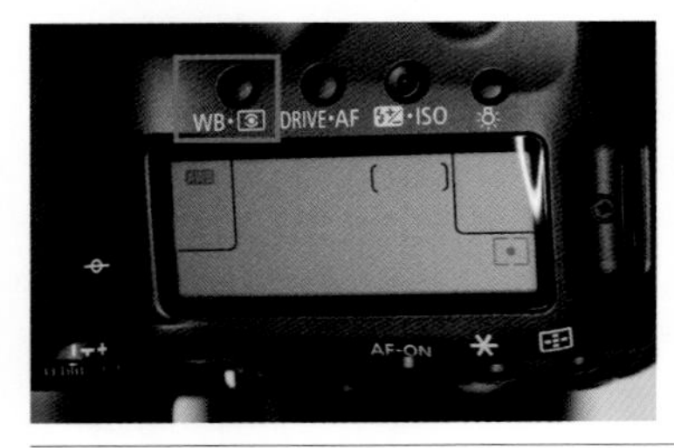

按下机身顶部的白平衡设置按钮，并转动相机的速控转盘，可以快速设置相机白平衡

尼康数码单反相机的白平衡设置方法如下。

按住相机顶部的白平衡按钮，并转动主指令拨盘，可以进行白平衡设置

在熟悉白平衡的过程中，可以在相应的环境中，选择合适的白平衡，使照片色彩还原准确；也可以在同一场景中，使用不同白平衡，观察白平衡对照片色彩的影响。

在钨丝灯照射下，设置不同白平衡，照片的色彩对比如下。

闪光灯

白色荧光灯

钨丝灯

阴天

阴影

日光

相机中的白平衡，主要是为了纠正某些光源环境下照片产生的偏色现象。因此，在实际拍摄中，应该根据拍摄环境中的光线状况以及不同需要选择适合的白平衡。

使用相机的自动白平衡拍摄，人物面部出现偏色，不过这种暖色调也使得照片更有现场氛围

拍摄人像时，调整白平衡，可以使儿童面部更显红润

拍摄雪景时，设置白平衡，将佳能相机白平衡设置为钨丝灯白平衡；尼康相机设置为白炽灯白平衡；可以为照片营造蓝调效果

使用影室灯布光拍摄静物时，设置闪光灯白平衡可使照片色彩还原准确

训练5　不同自动对焦模式的练习

相机的自动对焦模式包括单次自动对焦、人工智能伺服自动对焦、人工智能自动对焦三种，这是佳能相机中的叫法。尼康相机中分别称这三种自动对焦模式为：单次伺服AF、连续伺服AF、自动AF-S/AF-C。

实际拍摄中，应根据拍摄对象所处的运动状态，灵活选择适合的自动对焦模式。

佳能相机的单次自动对焦

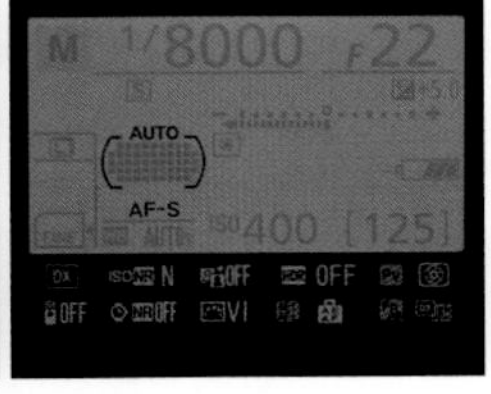

尼康相机的单次伺服自动对焦

佳能相机的人工智能伺服自动对焦

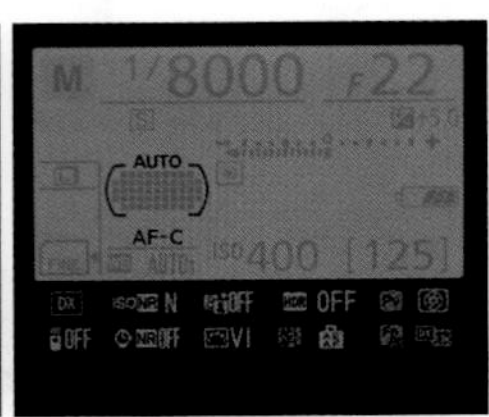

尼康相机的连续伺服自动对焦

佳能相机的人工智能自动对焦

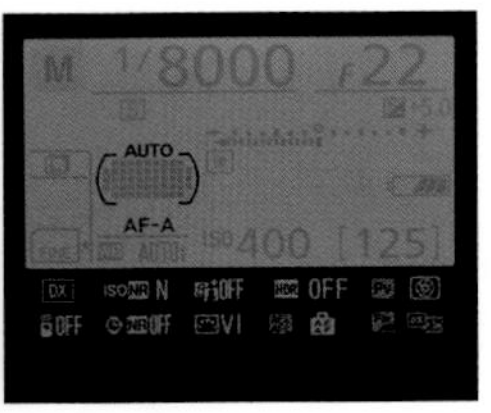

尼康相机的自动伺服对焦

通常情况下，这三种自动对焦模式会用在以下场景中。

单次自动对焦模式，常用于拍摄较为安静、动作幅度较小的主体。

人工智能伺服自动对焦，常用于拍摄连续运动的主体，比如飞翔过程中的鸟儿、奔跑的人等。

人工智能自动对焦，常用于拍摄动静不确定的主体。也就是说，在拍摄时，并不是很确定拍摄对象下一刻会不会突然动起来，面对这种情况，应选择人工智能自动对焦模式进行拍摄。

具体设置方法如下。

佳能数码单反相机的自动对焦模式设置方法如下。

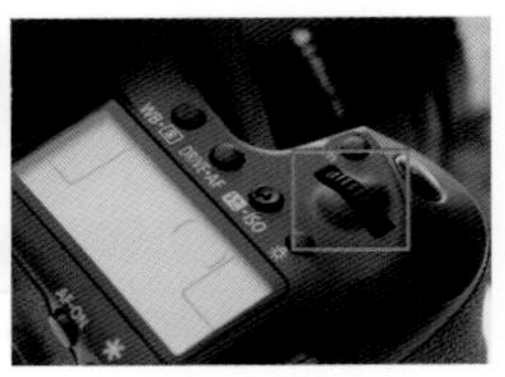

按下机身顶部自动对焦模式设置按钮，转动主拨盘即可对自动对焦模式进行设置

尼康数码单反相机的自动对焦模式设置方法如下。

按下机身侧面自动对焦模式按钮，转动主指令拨盘，可以对相机的自动对焦模式进行设置

在实际拍摄中，应根据拍摄对象运动状态，选择合适的自动对焦模式。

100mm
f/8
1/200s
ISO 100

拍摄静止的手，可以选择单次自动对焦模式进行拍摄

300mm
f/5.6
1/30s
ISO 100

拍摄飞驰的车时，可以使用人工智能伺服对焦模式进行拍摄

400mm
f/5.6
1/1000s
ISO 800

拍摄飞翔的鸟儿时，可以选择人工智能伺服对焦模式进行拍摄

训练6　手动对焦练习

手动对焦，简单来说，是指在拍摄时，人为旋转镜头的对焦环进行聚焦，通常佳能相机上用“MF”表示，尼康相机上用“M”表示。

对于初学者来说，手动对焦的熟练掌握，是一项较为基础的技术要求。

100mm　f/8　1/500s　ISO 100

拍摄蜘蛛网时，自动对焦经常会出现跑焦现象，使用手动对焦可以使拍摄更为顺利

手动对焦，作为最原始的对焦方法，一直以来都有着其独特魅力。除此之外，该种对焦模式，还可以很好地应对一些相机自动对焦失灵或者不准的状况，比如大雾天气等。

目前，相机生产厂商大多会将手动对焦与自动对焦模式的切换拨盘放在镜头处，这样在拍摄时，可以更加方便快捷地完成自动对焦与手动对焦的切换。

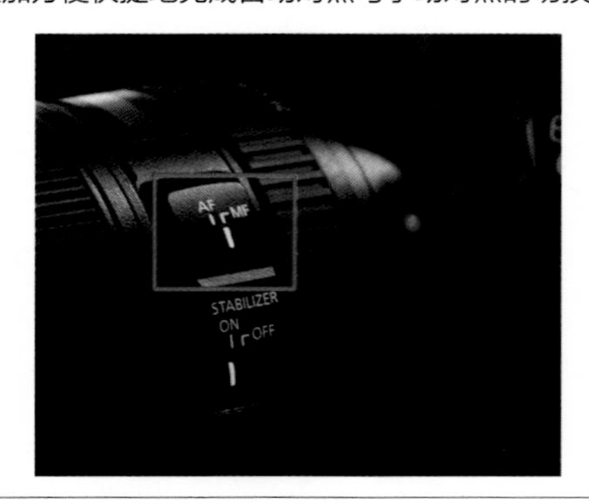

佳能镜头上的手动对焦拨杆

尼康相机机身与镜头上的手动对焦拨杆

在使用手动对焦模式拍摄时，为了使对焦更为准确，可以来回旋转对焦环，使取景器中的拍摄对象，由清晰到模糊，再由模糊到清晰，在这个过程中寻找最为准确的对焦。

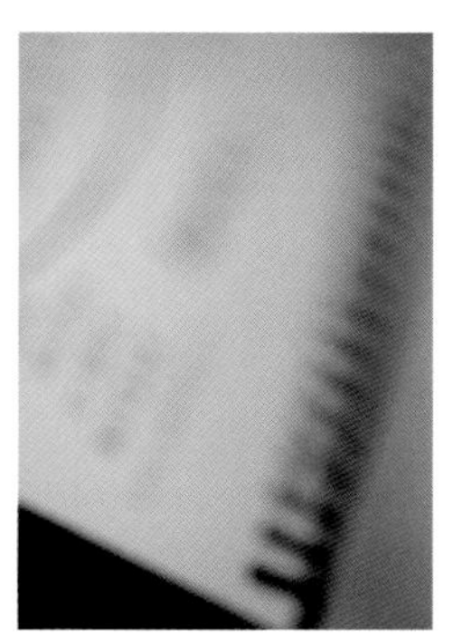

来回旋转对焦环，寻找最为清晰的瞬间

在实际拍摄中，如果遇到自动对焦失灵或者对焦不准的情况时，可以使用手动对焦模式进行拍摄。

在有雾的天气拍摄时，可以使用手动对焦

使用微距镜头拍摄花蕊时，可以选择手动对焦

拍摄昆虫时，可以选择手动对焦

在拍摄夜景时，可以使用手动对焦，将焦点对在远处的建筑上

训练7　不同测光模式的练习

对于初学者来说，完全通过手动调节曝光三要素来控制曝光，未免太过困难。不过，比较幸运的是，目前的数码单反相机，都有着比较高智能、高效的自动测光模式，拍摄者可以通过相机自身具有的测光模式进行测光拍摄。在这些测光模式中，较为常见的便是中央重点平均测光、评价测光以及点测光。

中央重点平均测光常在以下几种情况使用：

（1）拍摄以中心构图为主要构图方式的照片；

（2）拍摄人物居中的人像作品。

评价测光常在以下几种情况使用：

（1）在顶光或顺光时的拍摄；

（2）拍摄大场景的人像和风光；

（3）抓拍生活中的照片。

点测光常在以下几种情况使用：

（1）拍摄微距花卉、静物时，需要对拍摄对象进行准确曝光时；

（2）在拍摄背景亮度与拍摄对象亮度光比和反差过大时；

（3）在拍摄人像、风光时，为了突出某一局部细节，表现其层次质感时。

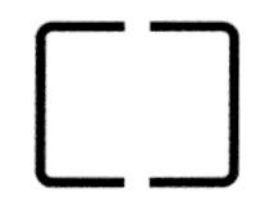

佳能相机中央重点平均测光图标

尼康相机中央重点测光图标

佳能相机评价测光图标

尼康相机矩阵测光图标

佳能相机点测光图标

尼康相机点测光图标

具体设置方法如下。

佳能数码单反相机中的测光模式设置方法如下。

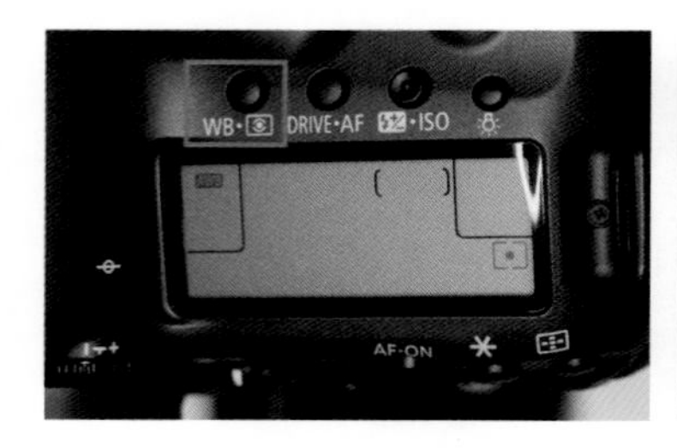

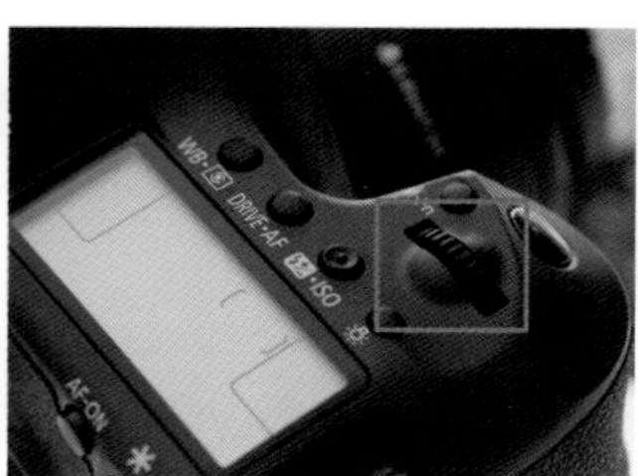

按下机身顶部测光模式设置按钮，转动主拨盘，可以进行对测光模式的设置

尼康数码单反相机的测光模式设置方法如下。

按住机身顶部测光模式按钮，转动主指令拨盘，可以对测光模式进行选择

具体拍摄过程中，可以根据具体拍摄情况选择适合的测光模式。

200mm
f/12
1/800s
ISO 100

使用点测光，对亮部区域测光，从而拍摄出剪影作品

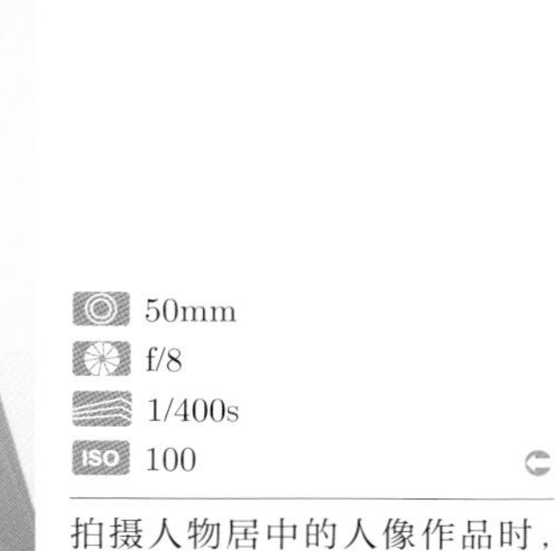

50mm
f/8
1/400s
ISO 100

拍摄人物居中的人像作品时，可以使用中央重点平均测光

70mm
f/14
1/800s
ISO 100

拍摄风光作品时，可以使用评价测光

训练8 不同驱动模式的练习

数码单反相机的驱动模式主要有：单拍 、低速连拍、高速连拍、自拍等。在实际拍摄过程中，应根据拍摄需求选择合适的拍摄释放模式。

佳能相机的单拍设置菜单

尼康相机的单拍模式选择拨盘

连拍，顾名思义，就是连续拍摄的意思。在使用连拍模式进行拍摄的时候，可以按住快门按钮，进行多张照片的拍摄

自拍：10秒/遥控，使用该功能，可以在旁边没有其他人的时候，进行自拍，尤其在拍摄合影时较多用到

自拍：2秒/遥控，此功能主要用于拍摄微距或夜景时，为了更大程度避免手按快门按钮时引起相机晃动，进而保证照片更加锐利清晰

单拍模式，作为最普遍使用的拍摄释放模式，几乎可以在任何场合使用，因此，单拍释放模式也是目前数码单反相机都具有的释放模式。

连拍模式，顾名思义，就是连续拍摄的意思。在使用连拍模式进行拍摄的时候，按住快门按钮，可以进行多张照片的拍摄。在相机连拍速度允许的情况下，可以根据需要自行设定每秒拍摄多少张照片。通常情况下，数码单反相机会为用户提供低速连拍和高速连拍两种。所谓低速连拍，就是指相机一般会以每秒拍摄1～5张照片的方式释放快门。高速连拍，一般可以每秒拍摄6张或6张以上照片的速度进行连拍。

自拍模式，数码单反相机中常有2秒或者10秒自拍两种预设，2秒自拍多在为了减少相机晃动的情况下使用，10秒多是自拍或者自拍合影时使用。

具体设置方法如下。

佳能相机中，按下机身顶部的测光模式设置按钮，转动速控转盘，可以对驱动模式进行设置

尼康相机中，直接转动驱动模式转盘便可对驱动模式进行设置

拍摄奔跑的宠物时，可以选择连拍模式，拍摄其奔跑的过程，从而避免错失精彩瞬间。

在实际拍摄过程中，应根据拍摄题材选择适合的驱动模式。

建筑摄影中，可以选择单拍模式进行拍摄

拍摄花卉时，可以使用2s自拍模式进行拍摄，从而使照片更为清晰锐利

拍摄运动激烈的动物时，可以选择高速连拍模式

拍摄合影时，可以选择10秒自拍模式

训练9　景深练习

所谓景深，简单来说就是指当焦距对准某一点时，该对焦点前后仍能清晰可见的范围。呈现在一张照片中时就是指整幅画面中清晰的部分。

景深在摄影中具有非常重要的地位。由于控制景深可以被当做是控制画面中清晰范围的大小，因此在实际拍摄时，可以通过较小的景深来虚化背景，从而使画面中的主体更加突出。

既然景深有如此效果，那么怎样才能很好地控制景深大小呢？先来了解一下影响景深的三个主要因素：光圈、镜头焦距以及拍摄者与拍摄对象之间的距离。在其他条件不变的情况下，景深与三者之间的关系分别可以概括为以下几句话。

（1）光圈越大，景深越小；光圈越小，景深越大。

（2）镜头焦距越长，景深越小；反之，景深越大。

（3）主体越近，景深越小；主体越远，景深越大。

红色区域为此张照片的景深区域

100mm　f/2.8　1/400s　ISO 1600

观察照片，会发现照片中的“古”字最清楚，越往边缘，越模糊不清在实际拍摄中，可以通过控制光圈、焦距以及主体三者关系，控制景深范围。
以下是同一场景中，使用100mm焦段镜头，不同光圈下的景深对比图。

100mm f/2.8　100mm f/5.6　100mm f/8

100mm f/11　100mm f/14　100mm f/32

小景深，又称为浅景深，在练习浅景深拍摄时，需要将对焦点对在主体上，最好选用85mm以上焦段的镜头，并且选用大于f/5.6的光圈。

在拍摄人像时，可以利用小景深，突出画面主体

拍摄水果蔬菜时，可以借助小景深突出表现主体

拍摄重叠的静物时，可以利用浅景深表现画面主体

在拍摄花卉时，可以利用浅景深表现花蕊主体

在练习全景深的拍摄方法时，需要画面全部处于实焦状态，最好使用24mm-35mm的广角镜头进行拍摄，并且将光圈设置在f/11～f/16。

24mm
f/16
1/800s
ISO 100

拍摄大面积的花卉以及远处山脉时，可以使用全景深进行表现

35mm
f/12
1/500s
ISO 400

拍摄人像作品时，为使人像整体清晰，可以使用全景深的方法进行拍摄

70mm
f/22
1/200s
ISO 100

拍摄山景时，可以选择全景深的方法表现山脉主体

100mm f/2.2 1/500s ISO 400

使用微距镜头拍摄花卉时，如果使用小光圈，可以得到大范围清晰的花卉作品

训练10　高速凝固练习

通常，会将较快的快门速度称为高速快门，其特点是，曝光时间极短，可以快速拍摄拍摄对象运动瞬间，当快门速度足够快时，甚至可以将高速运动的瞬间定格下来。

对于这种使用高速快门凝固运动的拍摄对象的方法，简单地称之为高速凝固。

在实际拍摄中，高速凝固的方法，多用在拍摄对象处于高速运动的题材上，以借助高速快门的高速，拍摄这些运动主体运动的精彩瞬间。

为了更为熟练地掌握高速快门凝固动态瞬间的拍摄技巧，需要特意做一系列的训练。

300mm　f/8　1/4000s　ISO 100

在拍摄卷起的浪花时，可以使用高速快门定格浪花卷起的精彩瞬间

通常，在数码单反相机中，可以在手动模式或者快门优先模式下，快速设置较高的快门速度。不过，考虑到选用手动模式设置时，还需要手动设置其他曝光参数，因此为了快速得到曝光准确的照片，多选择使用快门优先模式进行练习。

具体设置方法如下，以佳能和尼康相机中的快门优先模式为例。

佳能数码单反相机，快门优先模式下，高速快门设置方法如下。

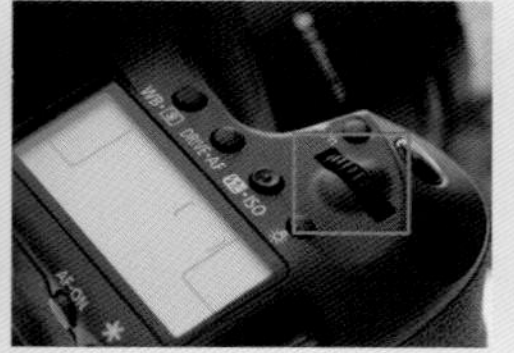

在快门优先模式下，直接转动机身顶部的主拨盘，便可轻松设置快门速度

尼康数码单反相机，快门优先模式下，高速快门设置方法如下。

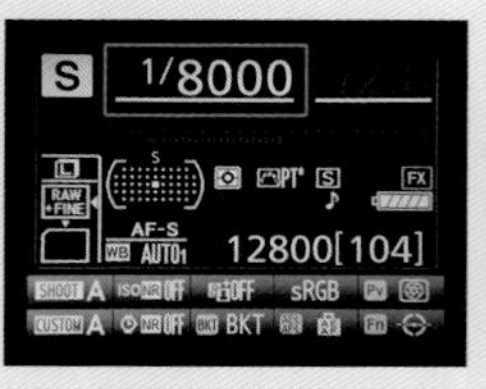

快门优先模式下，直接转动机身顶部的主指令拨盘，便可对快门速度进行设置

在练习高速快门凝固运动瞬间时，可以从使用高速快门拍摄奔跑嬉耍的宠物入手，定格它们跃起接住飞盘的瞬间。

由于高速凝固拍摄的是高速运动的主体，因此，需要将相机的对焦模式设置为人工智能伺服自动对焦（连续伺服自动对焦），从而确保拍摄中对焦的准确。

下面6张照片，是宠物腾起接住飞盘的瞬间凝固。在实际拍摄中，可以以这几张照片为目标，练习高速凝固。

图（1）

图（2）

图（3）

图（4）

图（5）

图（6）

由于高速凝固效果的照片中，拍摄对象处于高速运动的状态。因此，在使用该拍摄技巧进行拍摄时，多会选择诸如奔跑的动物、飞翔的鸟类、较为激烈的运动比赛、飞溅的水花等主体处于剧烈运动的题材。

600mm
f/5.6
1/4000s
ISO 800

在野外拍摄野生动物时，可以选择那些运动剧烈的动物作为被拍摄对象，并使用高速凝固的方法进行拍摄，从而定格动物腾空的瞬间

200mm
f/3.2
1/2000s
ISO 400

在拍摄舞蹈题材时，可以使用高速凝固的方法，将舞蹈演员跳起舞动丝带的瞬间定格下来

400mm
f/5.6
1/2000s
ISO 800

高速凝固方法在体育摄影中最常用，从而可以更为精彩地表现出运动比赛的激烈

300mm f/7.1 1/3200s ISO 800

风光摄影中，同样可以使用高速凝固的方法进行拍摄，比如飞泻直下的瀑布，通过高速凝固的方法，可以将瀑布水花溅起的瞬间定格，画面中的水花如同飞起的珍珠，给人强烈的动感

训练11　慢门练习

所谓慢速快门，就是指快门速度较慢，曝光时间较长的一类曝光方法。

与高速快门的凝固效果不同，慢速快门可以较为完整地把拍摄对象的运动轨迹记录下来，呈现在画面中，最为直观的效果便是虚实关系。为了更熟练地掌握慢门拍摄，下面就来做一下慢门训练。

200mm
f/22
1/10s
ISO 100

使用慢速快门拍摄瀑布，可以拍摄出如丝如雾的效果

通常，在使用慢速快门拍摄时，多选择快门优先模式或者手动模式。当然，为了获得更长的曝光时间，还可以选择相机的B门模式进行拍摄。

佳能数码单反相机的快门速度设置方法如下。

在快门优先模式下，直接转动机身顶部的主拨盘，便可轻松设置光圈

尼康数码单反相机的快门速度设置方法如下。

快门优先模式下，直接转动机身顶部的主指令拨盘，便可对光圈进行设置

使用慢速快门（又称为长时间曝光）拍摄出来的作品中，运动较为剧烈的拍摄对象，会在长时间曝光的过程中，在画面中呈现出其运动轨迹，比如夜晚的车轨、星轨等。

当然，除了固定相机拍摄慢速快门作品外，还可以将相机动起来，拍摄诸如追随效果的作品。

以下一组图，是将相机固定住，使用不同快门速度拍摄的流水效果。

1/100s

1/50s

1/50s

1/40s

1/30s

1/25s

在实际拍摄中，除了使用慢速快门拍摄出一些动静对比、虚实对比的作品以外，还可以利用慢速快门，解决暗光环境下曝光不足的问题。

35mm
f/17
5s
ISO 800

使用慢速快门拍摄海景时，海浪犹如轻纱披在岸边

400mm
f/5.6
1/30s
ISO 100

在拍摄赛车比赛时，可以使用追随方法进行拍摄。追随拍摄，简单来说，就是指在拍摄过程中，保持相机与运动主体向同一方向移动，并且在移动的同时使用较慢的快门速度完成拍摄。

500mm
f/5.6
1/60s
ISO 1600

拍摄舞台剧时，使用慢速快门可以拍摄出动感十足的作品

24mm f/18 15s ISO 100

拍摄城市夜景时，可以使用慢速快门拍摄街道上车流形成的轨迹

训练12　不同滤镜的练习

熟悉机身，除了相机本身外，还包括对相机附件的熟悉。其中，滤镜就是需要着重了解的一类附件。

滤镜的种类较多，较为常用的包括偏振镜、减光镜、星光镜、渐变镜等。在实际拍摄中，滤镜若是使用的好，可以为拍摄增添很多乐趣。

渐变镜

减光镜

偏振镜

星光镜

50mm　f/8　1/800s　ISO 100

使用偏振镜拍摄，会发现镜片区域的色彩明显要比其他区域艳丽

使用星光镜拍摄城市夜景中的灯光，效果如图所示。

在实际拍摄中，可以根据需要选择合适的滤镜，从而为照片增添趣味。

使用渐变镜，照片中天空与海面呈现出不同的色彩

使用偏振镜拍摄蓝天，照片色彩更显艳丽

使用减光镜，可以在光线较强的时候拍摄出精彩的慢门效果作品

使用星光镜拍摄，照片中的灯光出现明显的星芒效果

训练13　各种焦距镜头的使用

在数码单反相机的使用过程中，会接触到各式各样的镜头，不同焦段不同款式的镜头，都会为我们带来不同的拍摄感受。

接下来，便从镜头的焦段入手，练习不同焦段镜头的拍摄技巧。

100mm
f/8
1/800s
ISO 100

在拍摄动物眼睛的特写时，可以使用微距镜头进行拍摄

在练习之前，首先需要了解镜头焦段的划分。通常，镜头焦段单位为“mm”，按照镜头焦段长短，摄影领域将镜头分为广角镜头、标准镜头、长焦镜头，以及一些效果独特的特殊镜头，比如鱼眼镜头、微距镜头、移轴镜头等。在实际拍摄练习中，更多地熟悉各焦段镜头的特点，理解镜头视角范围及透视关系，可使以后的拍摄活动更为顺利。

佳能EF 16-35mm f/2.8L II USM广角镜头

尼康AF-S 尼克尔 16-35mm f/4G ED VR广角镜头

佳能EF 24-70mm f/2.8L USM标准镜头

尼康AF-S DX Zoom Nikkor ED 17-55mm f/2.8G标准镜头

佳能EF 300mm f/2.8L IS USM长焦镜头

尼康AF-S 尼克尔 200mm f/2G ED VR II长焦镜头

练习使用不同焦段镜头拍摄的初期，可以使用同一焦段镜头，拍摄不同题材、不同场景，观察画面效果；也可以使用不同焦段的镜头拍摄同一场景，对比画面效果。

在实际训练中，通过以上两种方法，可以在很短的时间内，掌握不同焦段的画面效果。

以下一组图，是同一场景中，镜头不同焦段呈现出的画面效果。

焦距在35mm以下，照片夸张变形，透视感强

焦距50mm左右的镜头，画面中主体没有发生变形，看起来更亲切

焦距为85mm～135mm的镜头，是与人眼最接近的透视感，能正确体现拍摄对象的形状

通过使用不同焦段镜头拍摄的练习，会发现镜头的某一焦段并不是适合所有场景、题材的拍摄，也就是说，不同题材与场景的拍摄，都有着适合的最佳焦段。因此，在实际拍摄中，应该根据拍摄题材的特点，选择最为合适的焦段，从而使拍摄更为顺利。

45mm
f/4.5
1/400s
ISO 100

使用移轴镜头可以拍摄出玩具模型效果的照片

100mm
f/7.1
1/200s
ISO 100

使用微距镜头，可以拍摄出微小的蒲公英细节

10mm
f/16
1/800s
ISO 100

使用鱼眼镜头，画面中可以出现较为夸张的变形效果

200mm　f/2.8　1/800s　ISO 100

使用长焦镜头，结合其大光圈，可以拍摄出背景虚化效果明显的作品，照片主体突出

第2部分

构图训练

在摄影学习中，构图是非常重要的训练内容之一。这是因为构图影响着照片的质量，摄影师通过构图来表现出照片的主题，并使画面达到想要的视觉效果。

本章将介绍不同的构图方法，通过这些构图训练，帮助读者拍摄出满意的照片。

训练14　不同画幅练习

在进行摄影创作时，可以用不同的画幅来表现画面，既通过调整相机的拍摄角度得到横画幅或竖画幅的照片，也可以通过后期处理得到方画幅的照片，不同画幅会给画面带来不同的效果。接下来就介绍一下三种画幅的拍摄技巧。

首先，欣赏一下利用三种画幅拍摄的照片。

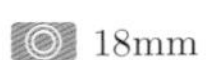

18mm
f/8
1/400s
ISO 200

拍摄万里长城时，利用横画幅配上广角镜头拍摄，可以将长城的蜿蜒辽阔表现出来

200mm　f/9　1/800s　ISO 100

拍摄美丽的风光画面，方画幅可以展现出画面的宁静、安逸

24mm　f/9　1/600s　ISO 100

拍摄深远的公路时，使用竖画幅拍摄，画面的空间纵深感会表现得更加强烈

1. 横画幅

横画幅照片拍摄很简单，只要将手中的数码相机横向拍摄就可以了。横画幅很符合人眼的视觉习惯，画面和人眼看到的景物一致，并且能够给人平静、宽广的视觉感受。

在取景时，应该保持画面的水平，以保证画面构图的严谨性，并将主体安排在画面中吸引人的位置。

将相机横向持握，并拍摄画面

可以得到横画幅的照片

在拍摄山林、大海、草原时，可以利用横画幅来表现它们的辽阔宽广。下面就是一组使用横画幅拍摄的不同题材的照片。

利用横画幅表现建筑物的空间纵深感

利用横画幅拍摄的海边风景，画面给人安稳、宁静的感觉

利用横画幅拍摄的人像照片，配合人物的动作，画面显得自然亲近

利用横画幅拍摄水中的天鹅，画面很吸引人

2. 竖画幅

得到竖画幅的照片也很简单，只要竖向持机进行拍摄就可以了。

竖画幅可以表现主体的高大、挺拔，也可以增加画面的空间纵深感。这是因为竖画幅本身就是一个竖立的长方形，在视觉上会帮助画面内容的纵深表现，也会使画面上下部分的内容紧密联系在一起。在拍摄时，要注意拍摄角度，以及主体在画面中的位置。

将相机竖向持握，并拍摄画面

可以得到竖画幅的照片

在拍摄高楼、公路、花卉等题材时，常会用到竖画幅。下面就是使用竖画幅拍摄的摄影作品。

利用竖画幅拍摄高耸入云的建筑物

利用竖画幅拍摄美女的全身像

3. 方画幅

方画幅是一种长宽比为1:1的正方形画幅，通常，会以将横画幅或竖画幅的照片通过后期裁切的方式来获得。方画幅是标准的正方形，所以画面会给人以均衡、严肃、稳定、静止的视觉效果。

16mm f/8 1/200s ISO 200

拍摄海面的风景时，方画幅可以使画面表现出和谐、平稳

大多数的方画幅照片需要通过后期裁切获得，所以在拍摄时，需要留有相对的空间，以保证后期裁切时更加方便。

可以在有裁切功能的相机上直接裁切照片，也可以将照片传到计算机上，通过Photoshop将照片裁切成方画幅，之后还可以利用Photoshop对照片进行详细的后期处理。

将照片导入Photoshop中，利用裁切功能修改照片

27mm f/12 1/200s ISO 200

拍摄夕阳下的国家大剧院，方画幅可以展现出一种稳定、安静的画面感

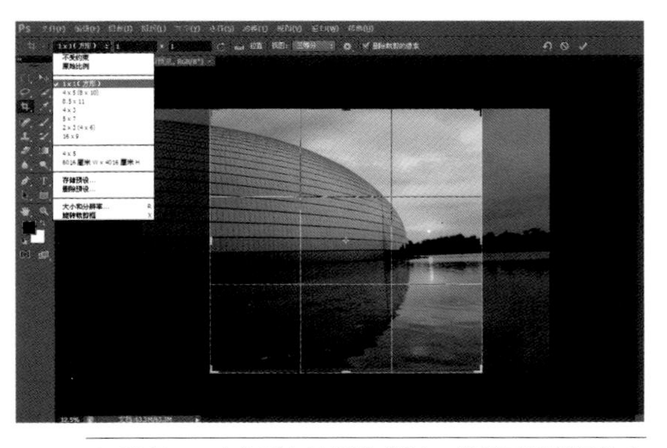

选择1×1（方形）比例的裁切，将横画幅裁切为方画幅

双击画面，即得到方画幅的照片

训练15　不同拍摄角度练习

在拍摄构图时，对相同物体进行不同角度的拍摄会得到不同的画面效果，通常会分为仰视、平视和俯视三种拍摄角度，下面就分别介绍如何利用这三种不同角度来表现物体。

1. 仰视角度

仰视角度适合表现主体的高大雄伟，也可以增加画面的空间立体效果，使画面的视觉冲击力更强烈。另外，仰视拍摄还可以避开画面中一些杂乱的物体，使画面更加简洁，主体更为突出。

24mm
f/4
1/800s
ISO 100

利用低角度仰视拍摄郁金香，将蓝天当作为背景，视角更独特，画面更加吸引人

在仰视拍摄时，需要注意以下几点。

（1）尽可能地降低相机高度。仰视拍摄，相机的位置要低于拍摄对象，从而形成由下到上的拍摄角度。

（2）根据想要的效果调整仰视角度。仰视拍摄会使主体形成下宽上窄的变形效果，仰视拍摄的角度越大，这种变形效果越大，带给画面的视觉冲击也就越强；反之，则变形效果越小。

（3）为相机安装广角镜头。如果想要增加变形效果，可以为相机装上广角镜头进行拍摄，广角镜头会增加这种近大远小的变形效果。

仰视拍摄示意图

仰视拍摄时，不要有太多顾忌，有时甚至需要趴在地上拍摄

可以为相机安装广角镜头，以增加仰视拍摄的视觉冲击效果。

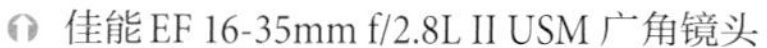

佳能EF 16-35mm f/2.8L II USM广角镜头

尼康 AF-S 17-35mm f/2.8D IF-ED广角镜头

18mm
f/9
1/800s
ISO 100

在高楼林立的城市中，可以站在楼底向上仰视拍摄高楼

105mm
f/8
1/100s
ISO 100

拍摄人物跳起的姿势时，拍摄者可以蹲下或坐下，选择很低的位置，以蓝天为背景仰视拍摄模特跳起的瞬间，这样可以显得模特跳得很高

2. 平视角度

平视角度很符合人眼的视觉习惯，通过平视角度拍摄，可以保证主体不变形，画面会表现出一种平和、均衡、稳定的视觉感受。

120mm f/2.8 1/800s ISO 100

与郁金香保持平视角度拍摄，可以得到很吸引人的画面效果

在利用平视角度拍摄时，需要注意以下几点。

（1）保持与主体在同一水平位置。平视角度是日常生活中最常接触的视觉角度，在拍摄时将相机和主体保持在同一水平位置就可以了。

（2）避免主体的不突出。由于平视角度拍摄的画面元素较多，而且画面效果也比较平淡，很容易造成主体不突出的问题，所以在平视拍摄时，应将主体安排在画面最引人注目的位置。也可以利用大光圈虚化掉杂乱的背景，以便得到突出主体的效果。

（3）选择吸引人的主体。为了避免画面过于平淡，可以选择形态比较吸引人或是颜色艳丽的主体进行拍摄，通过主体自身增加画面的吸引力。

平视拍摄示意图

想要得到平视角度的画面，需要相机与主体保持水平

105mm
f/8
1/500s
ISO 100

在较远距离利用平视角度拍摄的建筑物，给人稳定、均衡的画面感

80mm
f/4
1/400s
ISO 100

利用平视角度拍摄美女，可以使画面表现得很亲切，没有距离感

120mm
f/3.2
1/200s
ISO 100

平视角度拍摄猫咪，等于站在猫咪的角度观察世界，画面视角很独特

3. 俯视角度

俯视角度拍摄，一般会站在一个较高的位置进行拍摄，所以会有一种纵观全局的效果，视野非常宽广。相机离主体的位置越远，所拍摄到的视角也就越大，画面的视觉冲击力也会更强烈。

85mm
f/2.8
1/1500s
ISO 100

俯视角度拍摄的美女模特，将模特表现得很可爱

利用俯视角度拍摄时，需要注意以下几点：

（1）选择较高的位置拍摄。在俯视拍摄时，需要找到一个较高的位置，从而形成由上到下的拍摄角度，占据较高位置，俯视拍摄才能游刃有余。

（2）画面整体要有吸引力。俯视拍摄，一般进入画面中的元素比较多，要选择一些吸引人的事物作为画面表现的主体，也要避免一些杂乱的事物进入画面。

（3）为相机安装广角镜头拍摄。如果想要增加俯视拍摄时的视觉冲击力，可以为相机安装广角镜头进行拍摄。这是因为广角镜头的视角更为宽广，会进一步增加画面的视觉冲击力。

俯视拍摄示意图

俯视角度需要相机高于主体，因此最好选择一个较高的位置拍摄

俯视角度可用于拍摄很多题材的照片，比如，在山顶拍摄群山遍野的画面，或是在高楼顶端拍摄繁华的城市，俯视拍摄人像题材，等等。

选择一个制高点，俯视拍摄繁华的城市

选择一个较高的位置，俯视拍摄大面积花海

拍摄孩子躺在草地上的场景时，拍摄者可以站起来向下俯视拍摄

拍摄远处连绵的山脉时，可以选择较高位置俯视拍摄，画面中可以拍摄到更远处的山景，照片空间感也会得到增强

训练16　不同景别练习

在进行拍摄练习时，也要学会利用不同景别来诠释画面。什么是景别？其实就是指主体和画面影像在照片中呈现出的不同大小范围，一般将它们分为远景、全景、中景、近景、特写这几种类型。下面就来介绍一下这些景别。

1. 远景

可以利用远景表现广阔的空间或开阔的场景，将主体安排在画面的远处，让视野表现得宽阔深远。在拍摄远景画面时，需要调动多种手段来表现画面的空间深度和立体效果，通过深远的景物和开阔的视野将观众视线引向远方，以此使画面效果更具吸引力。

18mm
f/8
1/20s
ISO 600

用远景拍摄夜幕降临的海滨城市，画面视野非常深远、辽阔，城市美丽的夜色能够使人们联想到这座城市的繁华

2. 中景

中景是将主体的大部分信息都安排在画面中，也可以说是表现某个主体的局部画面，在拍摄时应注意抓取主体本质特征的现象、表情和动作，使画面富于变化。

80mm
f/5.6
1/800s
ISO 100

利用中景对美女模特进行拍摄，将人物上半身的姿态完美生动地表现在画面中，给画面增加了感染力

3. 全景

想要表现某一个主体的全貌特征时，就要用全景画面来呈现。全景画面能够使观众看到完整的主体，主体所表达的内容也会一目了然。

在拍摄全景画面时，需要注意镜头离主体远一些，以使主体的全貌得以呈现。在这过程中，还要避免杂乱的物体进入画面，以使主体在画面中得到突出体现。

16mm
f/9
1/600s
ISO 100

利用全景展现故宫的角楼，将角楼表现得更加神秘、威严，画面也更吸引人

4. 近景

近景的画面，一般是指表现某一物体局部的画面，让局部细节更清晰地展现在画面中。需要注意的是，拍摄取景时，应注意把拍摄对象安排在画面的结构中心，背景要简洁，避免杂乱的背景分散观众的视觉注意力。

80mm
f/2.8
1/800s
ISO 100

近景拍摄，拉近了画面人物与观众的距离，孩子的表情也得到了很好的展现

5. 特写

拍摄特写画面时，主要是将某一主体的细节部分呈现在画面中。特写的画面内容简洁单一，可以起到强化内容，突出细节等作用，通过特写，可以细致地描绘主体特征或细微的动作变化。

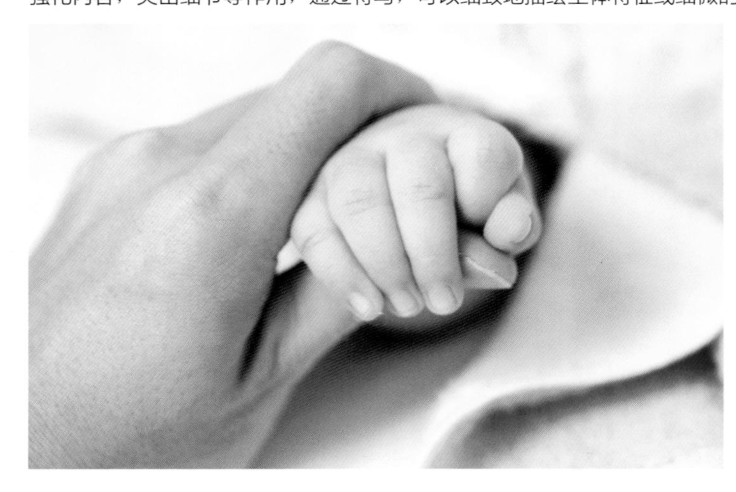

80mm
f/5.6
1/800s
ISO 100

利用特写的方式进行拍摄，将大人的大手与小孩的小手进行对比，突出宝宝娇嫩可爱的小手，画面温馨而自然

在进行不同景别的练习时，可以选择人像作为主体进行拍摄练习。远景画面就是人物在画面比较远的地方，全景就是人物的整个身体和周围背景都在画面中，中景就是人物膝部以上在画面中，近景就是人物胸部以上在画面中，特写就是人物肩部以上在画面中。另外，特写也可以是人物的脸、眼睛、手部等细节特征。

选择全景的取景方法拍摄人像，周围环境会在照片中得到表现，但是人像细节就不会表现得那么明显了

拍摄人像全身照，模特会得到较为全面地表现

70mm
f/4
1/320s
ISO 400

拍摄人物时的中景画面

50mm
f/2.8
1/800s
ISO 100

拍摄人物时的近景画面

200mm
f/2.8
1/200s
ISO 100

拍摄人物时的脸部特写画面

训练17　单点构图练习

在构图拍摄时，通常会选择一个单一的元素作为画面的主体，让画面只有一个吸引人的聚焦点，从而形成单点构图的画面。单点构图要求画面去繁存简，在拍摄时应该注意主体的突出，合理安排单个主体在画面中的位置，以使画面看起来更加协调。

80mm
f/5.6
1/800s
ISO 100

将沙滩上的海星作为单一的点拍摄，得到的画面很简洁，主体突出

在拍摄单点构图时，为了使主体得到突出体现，应该注意以下几点。

（1）靠近主体拍摄，避开杂乱的场景。靠近主体拍摄，可以将一些与画面无关的杂乱元素裁切在画面外，从而使主体得到突出体现。

（2）通过大光圈虚化效果突出主体。在拍摄时，也可以利用虚化背景的技巧将杂乱的元素虚化掉，使画面更加简洁干净，主体更加明显。

（3）通过变换拍摄位置或拍摄角度，选择干净的背景。可以通过变换拍摄位置或拍摄角度，为主体选择干净的背景，这样背景虚化后主体显得十分突出。

下面就来利用不同的拍摄技巧，对郁金香进行单点构图练习。

随便拍摄的大面积郁金香，主体并不突出

靠近花儿拍摄，得到单点构图的画面

虚化掉杂乱的背景，得到单点构图的画面

以仰视角度，配合明暗对比拍摄，得到单点构图的画面

200mm
f/4
1/800s
ISO 100

在拍摄花卉时，单点构图可以使花儿的细节得到突出体现

320mm
f/5.6
1/1000s
ISO 100

以单点构图拍摄飞翔的鸟儿，其形态特征得到突出体现

85mm
f/5.6
1/800s
ISO 100

拍摄草坪上吃西瓜的孩子，利用单点构图将孩子突出地呈现在画面中

训练18　多点构图练习

通常情况下，会给画面安排一个主体进行构图拍摄，也就是之前所说的单点构图。但有时画面中也会出现很多相同元素，此时可以利用这些重复元素进行多点构图拍摄，将这些主体以多点布局的形态安排在画面中。

由于画面中出现了多个相似的主体，可以将这些主体的形态、颜色等细节表现得更为全面，观众看到一幅画面中出现了很多相似的元素，会增加好奇心，画面表现也会更协调。

24mm
f/8
1/800s
ISO 100

利用多点构图拍摄牛群吃草的画面，多点构图让主体从不同角度得以展现，画面显得很灵活

在拍摄多点构图时，需要注意以下几点。

（1）合理安排多个主体在画面中的位置。需要了解的是，在画面中的这些相似主体并不是从属关系，而是属于并列对等的关系，所以要将它们均衡地呈现在画面中，而不分主次。

（2）调整相机角度拍摄。由于主体都是些相似或重复的元素，所以尝试变换不同的角度拍摄，可以将主体的特征更为全面地展现在画面中，产生的视觉效果也会有不同的变化。

利用多点构图拍摄鱼儿，但因为在构图上没有合理安排主体位置，所以画面表现得不够完美

将鱼儿均衡地安排在画面中，使多点元素的关系看起来更为协调，画面效果更吸引人

75mm
f/8
1/800s
ISO 100 

利用多点构图的方式拍摄羊群，得到和谐、生动的羊群画面

30mm
f/8
1/800s
ISO 100

将向日葵以多点构图的方式进行拍摄，避免画面杂乱的同时又丰富了画面内容

75mm
f/8
1/800s
ISO 400

在拍摄吃草的牛群时，利用多点构图的方式，画面显得更加和谐、自然

训练19 寻找场景中的水平线条与垂直线条

在取景构图时，要留意画面中出现的一些水平线和垂直线，它们对于画面效果的呈现有着非常重要的作用，通常会给画面带来和谐、舒适、稳定的画面感。

1. 水平线

在拍摄风光或建筑题材的照片时，画面中常会出现一条或数条与地面平行的线。这些线或长或短或隐或现，利用这些水平线元素进行构图拍摄，可以使得到的画面给人一种舒适、安宁、平和、稳定的感觉。

24mm
f/8
1/200s
ISO 300

将海天相间的地平线保持水平，画面稳定、和谐

在利用水平线进行构图拍摄时，应该注意以下几点。

（1）根据画面内容安排水平线位置。水平线在画面中的不同位置，会给画面带来不同的效果。可以将水平线安排在画面的上三分之一或下三分之一处，也就是三分法的构图位置，以使画面更符合人们的视觉习惯，整体更有美感。

（2）要保证水平线在画面中的水平。保持水平线在画面中的水平很重要，如果是一条歪斜的线条会打破画面的平衡，为作品减分，当然那些刻意使用倾斜水平线达到的独特效果除外。可以使用周围的景物作为参照物以确保水平线的水平，也可以利用相机的构图线来保证水平线的水平。

在构图拍摄时，画面中天空的部分比较吸引人，但水平线被安排了上三分之一的位置，导致天空中精彩的部分没有得到很好的展现，画面并不是很精彩

利用水平线进行构图拍摄，并将水平线安排在下三分之一的位置，将天空的云彩和光线充分地表现出来，画面很吸引人

一条歪斜的水平线，会让照片显得不够严谨，很业余

保证水平线的水平，是水平线构图的关键

18mm f/11 1/200s ISO 400

将水平线放在画面的上三分之一的位置，让海面和岸边景物得到更多体现，画面非常精彩

24mm f/8 1/200s ISO 300

在山顶拍摄时，天际间也会有一条若隐若现的地平线。将地平线水平地安排在画面中，画面给人一种和谐、自然、稳定的感觉

2. 垂直线

在线元素中，垂直线往往会给人一种稳定、安静的视觉感觉，而将这种垂直线元素应用到摄影构图中，会给画面带来稳定、挺拔、庄严、硬朗等感觉。

20mm f/8 1/60s ISO 400

拍摄城市夜景时，可以将垂直的高楼作为垂直线元素进行构图拍摄，使得到的画面更加稳定

在利用垂直线进行构图拍摄时，也要注意以下几点。

（1）要保证垂直线在画面中的垂直。在利用垂直线元素进构图拍摄时，一定要保持这些直线在画面中的垂直，因为一条歪斜的线条很可能打破画面的和谐，造成构图不严谨，让画面失去原有的意境。

（2）可以利用重复的垂直线进行构图。在构图拍摄时，如果想要增加画面的空间立体感，可以选择一些重复的垂直线元素进行构图，这种重复的垂直线元素不仅会给人们视觉上带来节奏感，而且会引导观众视线，增加画面的空间立体效果。

一条歪斜的垂直线会让人觉得构图不严谨，并且会破坏画面的稳定感

在画面中安排一条垂直线，可以为平淡的画面增加稳定感，给人挺拔、安定的感觉

24mm
f/8
1/400s
ISO 100

将森林中的树木作为垂直线元素进行构图拍摄，画面给人一种稳定、挺拔的感觉

24mm
f/8
1/400s
ISO 100

走廊的石柱也是垂直线元素，重复的垂直线元素排列在一起，画面的空间立体感得到强烈的表现

24mm
f/9
1/400s
ISO 100

利用海边重复的垂直线元素进行构图，给画面带来稳定感的同时也增强了画面的空间纵深感

训练20 寻找场景中的斜线条

斜线是一种普遍存在的线条元素，它可以使画面表现得更加灵活、动感，也可以引导观众的视线，增加画面的空间感和透视感。无论是在拍摄人像、风光、动物还是其他题材时，都可以尝试利用这种斜线条来表现画面。

16mm
f/9
1/400s
ISO 200

将跨海大桥作为斜线元素进行拍摄，可以增加画面的空间纵深感

利用画面中的斜线条构图时，需要注意以下几点。

（1）变化视角发现画面中斜线条。在大多数画面中，纯粹的斜线物体并不多，但通过变换相机的拍摄角度，可以将一些不明显的线条呈现出斜线效果。

（2）避开杂乱的场景。在利用画面中的斜线元素进行构图拍摄时，应该注意避开那些杂乱的场景，让斜线元素更加简洁地出现在画面中，从而使主体表达得更鲜明。

（3）不要太过刻意地追求斜线构图。可以通过倾斜相机的方式得到斜线元素，但并不是所有线条都适合做斜线元素。比如，平静的湖面的水平线可以给画面带来安静、和谐之美，但如果刻意地将水平线拍摄成斜线，那么画面就会失衡，也不再吸引人。

杂乱无序的场景，并没有吸引人的点

通过变换拍摄视角，利用木栏形成的斜线进行构图拍摄，使画面构图得到整理，斜线元素增加了画面空间感

在拍摄樱花时，出现在画面中的枝条比较多，并且都是竖立的形态，显得生硬杂乱

通过变换拍摄视角，让樱花的枝条以斜体形式出现在画面中，画面显得简洁且生动，很吸引人

200mm
f/2.8
1/600s
ISO 100

在拍摄昆虫时，利用昆虫与植物形成的斜线元素构图拍摄，画面生动、自然

训练21　寻找场景中的曲线

在取景拍摄时，还要多留意场景中出现的曲线元素。曲线元素可以说是所有线条元素中最具美感的，当曲线元素被利用在摄影构图中时，可以使拍摄出的画面更有韵律感，产生优美、雅致、协调的感觉。

16mm　f/9　1/800s　ISO 100

利用河道形成的曲线元素进行构图，可以使画面表现得更加优美

使用画面中的曲线构图时，需要注意以下几点。

（1）留意场景中的曲线元素并加以利用。曲线元素也是日常生活中经常会遇到的元素，比如河流、公路、山峦、林间小路、立交桥等，这些都可以运用在摄影构图中。

（2）曲线元素可以是多种形态。画面中出现的曲线元素可以有多种形态，最常见的是类似于英文字母的“S”形和“C”形的曲线元素，这些曲线元素可以给画面带来优美、协调的感觉。另外，曲线元素还具有引导人们视线的作用，可以增加画面的空间纵深感。

（3）可以利用曲线构图表现人物的柔美。除了可以利用曲线元素表现风光、建筑题材，还可以在拍摄美女人像时使用，利用人物身体优美的曲线线条表现其柔美性感的一面。

在故宫等古代建筑中，有很多“S”形的曲线元素，这些都是很好的练习素材。

金水桥的水道形成优美的S形曲线

金水桥的石栏形成优美的S形曲线

“C”形曲线元素在大自然中经常会见到，尤其是在有河流的地方。

利用湖岸形成的C形曲线进行取景构图，并且放低拍摄角度靠近岸边拍摄，可以增加画面的空间感

通过俯视角度，拍摄由河流形成的C形曲线元素，画面优美，很吸引人

利用S形曲线拍摄美女人像，可以很好地展现女性特有的魅力。

85mm
f/8
1/500s
ISO 100

利用女性身材特有的柔美曲线进行构图拍摄，展现其柔美的特点

训练22　汇聚线构图

汇聚线构图就是指出现在画面中的一些线条元素，向画面相同的方向汇聚延伸，最终汇聚到画面中的某一位置，利用这种线条的汇聚现象来进行构图拍摄的方式就是汇聚线构图。通常会利用这种构图方式拍摄风光、建筑等题材，以表现画面强烈的汇聚效果和空间透视效果。

16mm
f/9
1/800s
ISO 100

拍摄长城时，可以借助汇聚线构图，既可以增加照片空间感，又可以使画面更具趣味性

使用汇聚线构图时，需要注意以下几点。

（1）留意场景中的汇聚线元素并加以利用。对于汇聚线元素的选择，可以是清晰的线条，也可以是出现在画面中的一些虚拟线段，当这些汇聚线条汇聚得越集聚时，透视的纵深感也就强烈，从而呈现出三维立体的画面效果。

（2）画面中的线条数量要在两条以上。想要利用汇聚线进行构图拍摄，需要画面中的线条数量在两条以上，这样才可以产生汇聚效果。这些汇聚线条会引导观众的视线，沿纵深方向由近到远地汇聚延伸，带来强烈的空间感与纵深感。

（3）为相机安装广角镜头增加汇聚效果。在利用画面中的汇聚线元素进行构图时，也可以将相机的镜头换成广角镜头，使画面中的汇聚效果和透视效果表现得更加强烈。

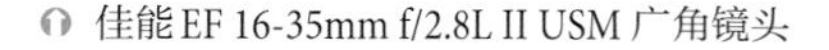

佳能 EF 16-35mm f/2.8L II USM 广角镜头

尼康 AF-S 17-35mm f/2.8D ED 广角镜头

画面中排列有序的花卉，由于近大远小的透视关系，可以进行汇聚线构图拍摄，增强画面的空间纵深感

汇聚线构图结合广角镜头的使用，使画面产生强烈的视觉冲击力，让画面更吸引人

20mm
f/8
1/800s
ISO 100

利用广角镜头结合汇聚线构图对铁轨进行拍摄，可以增强画面的空间感，产生强烈的视觉冲击效果，让画面更吸引人

训练23　三分法构图

三分法是将画面横向或纵向平均分成三份，这种平分会使画面产生两条横向或纵向的等分线，这两条等分线即称为三分线，利用这些等分线来构建画面的方式就是三分法构图。三分法适合拍摄人像、风光、动物等多种题材，在使用上非常灵活。

90mm
f/7.1
1/400s
ISO 200

由于地平线上方的景色更吸引人，所以采用下三分的方式，让大山和天空占据更多的画面

在拍摄风光题材时，横向的三分法构图比较常用，这种三分法可以分为上三分与下三分。比如在拍摄蓝天与草原的画面时，如果草原的景物比较丰富，可以将草原与天空的地平线放在上三分的位置，让草原在画面中占多一部分；如果草原的景物比较平淡，而蓝天比较吸引人，可以采用下三分的方式，让地平线位于下三分的位置，使蓝天在画面中占多一部分。另外，在拍摄时一定要保持地平线的水平，以保证画面构图的严谨性，可以利用相机中的构图功能协助拍摄。

启用相机中的网格线功能

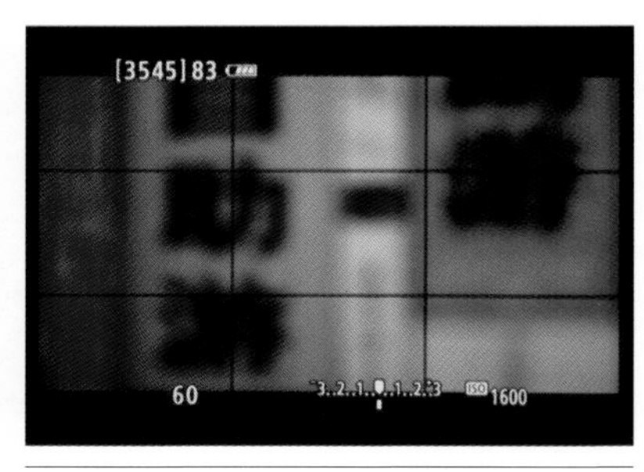

利用网格线功能使构图更严谨

将地平线安排在画面下三分之一的位置，让天空的云彩有更多的体现，以增加画面的吸引力

上、下三分线的位置示意图

地平线歪斜，且没有在三分线的位置，画面显得不够完美

后期调整一下，保持水平线水平，并处在画面的上三分之一位置，照片更显协调唯美

在拍摄人像、动物或者花卉等题材时，可以将人物、动物或花卉主体安排在竖直三分线上。使用竖向的三分法构图，除了可以达到突出主体的目的，还可以使画面显得更加活泼、生动。

将可爱的孩子安排在画面的竖三分线位置，画面很自然

左、右三分线的位置示意图

将狗狗安排在竖三分之一的位置，将狗狗表现得更为生动

将荷花安排在画面的竖三分之一的位置，让画面更吸引人

训练24　井字形构图

井字形构图是常用的一种构图方法，也是黄金分割法的一种形式。在取景拍摄时，以虚拟的横竖4条直线把画面平均分成9份，将主体安排在井字形的交叉点位置就是井字形构图。

35mm　f/8　1/400s　ISO 600

将吃草的马儿安排在黄金分割点附近，可以使其得到突出体现

使用井字形构图时，需要注意以下几点。

（1）利用好4个交叉点位置。在拍摄时，将主体安排在井字形4个交叉点的不同位置，会给画面带来不同的视觉效果。可以根据现场环境与主体之间的关系，选择交叉点位置。一般情况下会有这样的规律：井字形的上方两个点比下方两个点的动感要强一些，而左边两个点比右边两个点的动感要强一些。

（2）将想要表现的特写细节安排在交叉点位置上。在拍摄一些特写的画面时，或者说当主体占据整张照片时，如果想要突出主体某一局部，也可以将这一局部安排在井字形交叉点上，达到突出局部的效果。

将吃草的马儿安排在画面的黄金分割点位置上

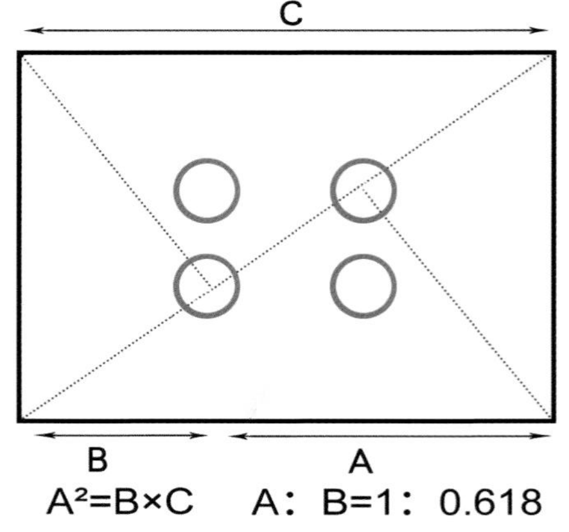

黄金分割示意图

 200mm
f/2.8
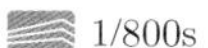 1/800s
ISO 100

在拍摄狗狗时，将狗狗的眼睛安排在井字形交叉点位置，将狗狗表现得更加生动、可爱

200mm
f/5.6
1/400s
ISO 100

在拍摄荷花的特写画面时，将想要表现的内容安排在井字形交叉点位置，使其可以得到充分体现

18mm
f/8
1/600s
ISO 100

将太阳椅安排在画面的井字形交叉点位置，画面显得更加自然

训练25　三角形构图

三角形构图是指利用画面中的若干景物，按照三角形的结构进行构图拍摄，或者是对本身就拥有三角形元素的主体进行构图拍摄。这些三角形元素可以是正三角形、斜三角形或倒三角形。

16mm
f/8
1/600s
ISO 100

天坛的外形就像是一个正立的三角形，给人庄严、稳定的感觉

使用三角形构图时，需要注意以下几点。

（1）并不要求一定是标准的三角形。在构图拍摄时，并不要求主体所形成的三角形必须是标准的三角形形状，它可以是不规则的三角形，也可以是类似上下颠倒的三角形，还可以是类似斜三角的形态。

（2）有两种三角形的构成形式。三角形的构建方式可以分为两种：一种是画面中只有一个主体，这个主体的三个点恰好可以形成一个三角形，这时便可以利用主体本身拥有的三角形元素进行构图；还有一种是画面中有多个主体，通过调整拍摄角度或拍摄位置，将这些主体以三角形的形态构建在画面中，以达到三角形构图的效果。

单个主体构成的三角形元素

画面中的雪山形成了一个类似正三角形的图案

多个主体构成的三角形元素

画面中的水鸟形成了一个类似斜三角形的图案

不同的三角形可以给画面带来不同的特点。

（1）利用正三角形给画面带来稳定感。

在几何图形中，正三角形是最为稳定的图形之一，运用在构图中可以给人以平稳、均衡的感觉，就像金字塔给人的感觉一样。

（2）利用斜三角形表现主体的灵活。

因为追求的并不是标准的三角形，所以在自然事物中斜三角元素要比正立三角或倒立三角常见，斜三角形会给画面带来均衡、动感和灵活的感受。

（3）利用倒三角形使画面更加动感。

正三角形给人像金字塔一样坚实不可动摇的稳定感，而倒三角形则像是一个在旋转运动中保持直立不倒的陀螺，给人极不稳定的视觉感受，可以在需要打破画面的对称、平衡时使用。

正三角形让山峰表现出一种稳定效果

山峰形成的正三角形示意图

斜三角形将人像画面表现得更为灵活生动

人像坐姿形成的斜三角形示意图

形成倒三角形的冰山，使画面产生强烈的动感

冰山形成的倒三角形示意图

训练26　对称式构图

所谓对称式构图，就是指利用事物所拥有的对称关系来构建画面的方法。拥有对称关系的事物在生活中也很常见，它们会以不同的形式出现。对称式构图往往会带来一种稳定、正式、均衡的画面感受。

18mm
f/5.6
1/100s
ISO 600

利用对称式构图拍摄，可以使建筑物表现出一种稳定、庄严的画面感

使用对称式构图时，需要注意以下几点。

（1）取景拍摄时要有严谨的构图。

在进行对称式构图时，需要遵守正规严谨的构图理念，可以开启相机的构图线，以便得到更加标准的对称式构图。

（2）寻找左右对称的景物拍摄。

比较常见的对称形式有上下对称和左右对称，左右对称的元素在古代建筑、人文摄影和城市建筑中常会遇到，左右对称可以使画面更加和谐、规整。

（3）寻找上下对称的景物拍摄。

上下对称可以是利用玻璃反光或水面倒影来呈现出对称式的效果，在风光摄影中，表现水面倒影与水岸景物时常会用到，这种拍摄方式所表现出的画面会给人一种宁静、安逸的视觉效果。

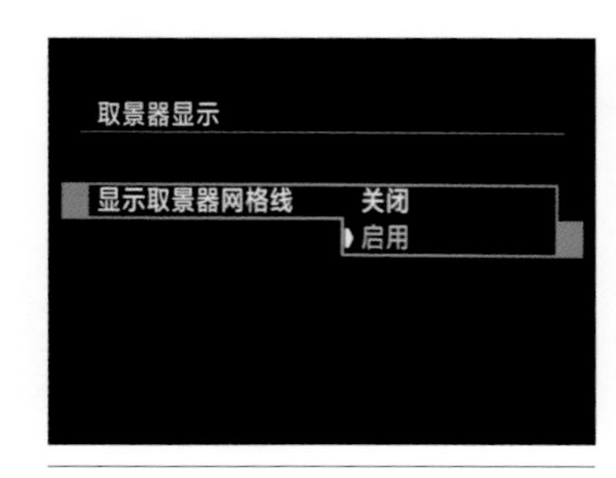

启用相机中的网格线功能

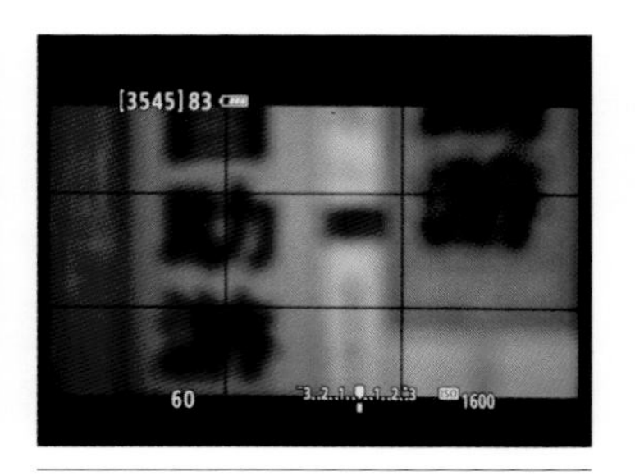

利用网格线功能协助构图

古典建筑讲究天圆地方，有很多可以拍摄的对称元素。

故宫中大场景建筑的对称构图

故宫中中场景建筑的对称构图

故宫中局部建筑的对称构图

故宫中特写建筑的对称构图

上下对称式构图也比较常见，比如主体与光滑地面的倒影、主体与水面的倒影等。

建筑题材中的上下对称式构图

风光题材中的上下对称式构图

训练 27　框架式构图

框架式构图，就是将主体放置在由其周围景物元素所构建的框架中。这里所讲的框架形式有很多种，可以是窗户、树木、车门等，也可以是虚拟的色块线条等。这些框架元素可以起到突出主体、增加画面空间感的作用。

65mm
f/4
1/600s
ISO 100

利用木头柱子形成的框架，对人物主体进行框架式构图拍摄，可以使人物在画面中得到突出，并且画面更具趣味性

使用框架式构图时，需要注意以下几点。

（1）留意身边多种多样的框架元素。

有些框架元素是很容易观察到的，比如窗户、门、汽车的车窗等，可以利用它们进行框架式构图；有些框架元素则需要仔细观察才能发现，比如通过改变拍摄角度或位置的方式，将一些零散的树枝构建成框架结构，进行框架式构图拍摄。

（2）注意主体与框架的大小比例关系。

在拍摄时，可能会遇到框架很大而主体很小的情况，这样的画面会给人一种很突兀的感觉，因此应该注意主体与框架的大小比例关系。如果有条件，可以将主体向框架位置挪近一些，或是拍摄者向后移动，使相机离框架远一些，让框架和主体有个和谐的大小搭配。

将汽车门窗当做框架元素进行框架式构图拍摄

将木质的窗户当做框架元素进行框架式构图拍摄

利用树枝形成的虚拟框架元素进行构图拍摄

将家具的边框当做框架元素拍摄狗狗

70mm
f/4
1/600s
ISO 100

在拍摄美女人像时，将人物安排在窗框中，利用框架式构图使人物得到更好的呈现，也增加了画面的吸引力

训练28　开放式构图

开放式构图并不讲究画面中的均衡与严谨，是一种颠覆传统构图观念的构图方式，它追求的是给观众带来更大的想象空间。开放式构图适合很多不同的拍摄题材，比如建筑、人物、自然景物、花卉等。

135mm
f/2.8
1/800s
ISO 100

利用开放式构图拍摄花卉，虽然花卉没有被完整地呈现在画面里，但却使观众产生更大的空间联想，增加了画面的吸引力

在进行开放式构图拍摄时，可以将想要表现的主体局部内容保留在画面中，将主体或与主体有关的其余部分切割到画面外，这样，当人们看到画面中的主体时，就会下意识地联想到画面外与主体相关的部分。这种构图方法可以使观众从局限的画面联想到画面之外，从而产生更大的联想空间。

随意拍摄的国家大剧院并不吸引人

利用开放式构图拍摄国家大剧院，给人一种神秘感，让人充满想象

随意拍摄的狼，画面显得很平淡

利用开放式构图拍摄的狼，给人留有想象空间

80mm
f/5.6
1/800s
ISO 200

利用开放式构图拍摄，将人物不完整地呈现在画面中，人物和伞没有出现在画面中的部分增加了画面的空间联想

60mm
f/5.6
1/600s
ISO 100

利用开放式构图拍摄美食，可以增强美食的吸引力，刺激了观众的味蕾神经

训练29　封闭式构图

封闭式构图是一种传统的构图形式，它与开放式构图在拍摄方式和画面感受上有很大的不同，封闭式构图更讲究画面结构的完整性和独立性，所表现的内容也仅仅展现在画面之内，是一种非常严谨的构图形式。

这种构图适合用于拍摄一些表达人物感情色彩、生活场景的照片，或是一些抒情性的风光照片、静物照片等。通过封闭式构图手法表现这些题材，可以得到一种严肃、优美、宁静的画面效果。

120mm　f/2.8　1/400s　ISO 100

利用封闭式构图拍摄岸边的贝壳，其颜色、形态等细节都得到了突出体现

在实际拍摄时，将选好的取景画面看成一个封闭的空间，将主体控制在这个空间范围内即可，主体可以在画面中心，也可以在画面的黄金分割点上。封闭的空间会把观众的视线集中在主体上，从而使构图形式呈现出完整统一、均衡和谐的效果。

在拍摄海边玩耍的孩子时，随意拍摄不能很好地突出主体

利用封闭式构图拍摄，可以让观众的视线都集中在孩子身上，从而让孩子得到了突出

封闭式构图与开放式构图的效果对比如下。

利用开放式构图拍摄的小狐狸，给人留有联想空间

利用封闭式构图拍摄的小狐狸，让观众视线全都集中在狐狸身上，不会产生画面之外的联想

200mm
f/5.6
1/800s
ISO 200

利用封闭式构图拍摄吃草的绵羊，可以将观众的视线都聚焦在绵羊身上

80mm
f/5.6
1/400s
ISO 100

利用封闭式构图拍摄雪中的汽车，画面很有趣味性

训练30　错位构图

错位构图属于一种很有趣味的创意构图法，主要利用照片对实际场景的空间压缩，通过近大远小的透视关系和一些特殊的视角，将画面中不同空间位置的景物联系在一起，得到非常有趣的错位关系。

在日常生活中，有很多可以拍摄的错位场景，比如可以将太阳与手进行错位拍摄、也可以将玩具汽车和公路上的汽车进行错位拍摄，或是将两个远近不同的人物进行错位拍摄，等等。只要发散思维，有太多有趣的画面可以去拍摄。

120mm
f/2.8
1/400s
ISO 100

利用错位构图拍摄落日，模特将手摆成心形圈住落日，画面十分有趣

使用错位构图时，需要注意以下几点。

（1）注意画面要大景深。

在使用长焦镜头拍摄时，要注意景深的控制，焦距不要太长且要将光圈调小。如果拍摄出的画面景深较浅，会导致错位组合的远近景物被虚化掉，影响最终的效果。

（2）注意景物间的距离。

拍摄时，要尝试变换近景物体与远景物体和镜头间的距离。有些错位摄影呈现出的效果很自然，但有些会因为错位的两个物体与镜头间的距离不当而显得生硬呆板。

（3）增添趣味性与创新性。

错位摄影的核心就是照片的趣味性与创新性，一幅好的错位摄影作品，除了正确的曝光外，画面的趣味性是照片的最大亮点。

（4）注意错位景物的测光。

拍摄时，如果两个错位物体的亮度不同，要注意根据需要的效果进行测光，避免错位物体有曝光过度或曝光不足的现象，剪影效果除外。

（5）注意错位的景物与镜头的关系。

错位摄影大都是利用近大远小的透视关系来进行创作的，所以构图时要控制两个错位物体的距离，以及它们与镜头之间的距离。

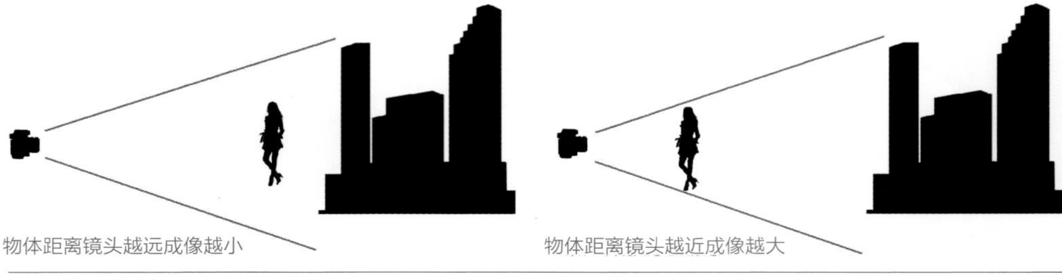

近大远小示意图

利用错位拍摄，水瓶里的水好像会倒进灯池一样

人物与路灯在不同距离形成的大小对比关系

利用人物与书包进行有趣的错位拍摄

利用人物与书包进行有趣的错位拍摄

将鞋子放在镜头前，让人物离镜头远一些，形成有趣的错位摄影

将天空的飞机与手指进行错位拍摄，好像在捏飞机一样，很有趣

训练31 靠近主体拍摄

20世纪最著名的战地摄影记者罗伯特・卡帕说过这样一句话："如果你拍得不够好，那是因为你离得还不够近"。按照罗伯特・卡帕说的去尝试拍摄时，会发现，靠近主体拍摄其实是很实用的一个拍摄技巧。

100mm
f/2.8
1/600s
ISO 100

使用微距镜头靠近拍摄，将落在花蕊上的蝴蝶拍摄下来，画面具有很强的吸引力

靠近主体拍摄时，需要注意以下几点。

（1）将杂乱的景物裁切在画面外。

靠近主体拍摄时，要将杂乱的景物裁切在画面外，以使画面简洁明朗。

（2）选择主体最吸引人的细节拍摄。

靠近主体拍摄时，可以抓住主体比较吸引人细节作为主要表现的内容。

（3）注意镜头与主体之间的距离。

在拍摄建筑、花卉、人像等题材时，主体会配合摄影师，而在拍摄宠物、昆虫、鸟类等动物题材时，就要十分留意了，动物有可能会认为镜头在侵犯它们，这时就需要注意镜头与主体的距离，以避免打扰到它们。

蹲下并靠近花卉拍摄，会发现不一样的美景

靠近花卉拍摄，主体表现得更突出，画面更吸引人

杂乱的场景会使画面显得平淡

靠近花卉拍摄，将杂乱的元素裁切在画面外，主体细节得到突出体现

35mm
f/8
1/600s
ISO 100

靠近吃草的奶牛拍摄，因为近大远小的透视关系，得到非常可爱的奶牛大头照，奶牛头部的细节也得到了很好的展现

训练32　前景的运用

在使用数码相机进行构图拍摄时，无论是什么题材，如果感觉画面过于平淡乏味，可以尝试为画面增加一些前景进行构图拍摄。

前景，是指画面最前端的景物，在前景位置的可以是主体，也可以是陪体。而这里所说到的前景运用，是指在主体前面添加一些陪体，让陪体作为画面的前景。不要小看这样一个动作，它会增加画面的空间层次感，也会起到衬托主体的作用，使画面不显乏味。

18mm
f/8
1/400s
ISO 100

将色彩鲜艳的小船安排在画面前景位置，可以增加画面空间感

为画面添加前景时，需要注意以下几点。

（1）不要选择杂乱的元素作为画面前景。

取景构图时，要合理安排前景的事物，不要选择一些杂乱的元素当做画面前景，否则会影响画面效果，主体也不会得到衬托和突出。

（2）调整拍摄角度，让前景的作用得以发挥。

为画面添加前景时，如果前景元素与主体画面的位置不协调，可以通过移动相机或是变化相机拍摄角度，来使前景在画面中发挥最大的作用。

没有为画面安排前景，画面显得有些平淡

改变拍摄角度，为画面安排前景后，画面效果很精彩

35mm
 f/8
 1/400s
 100

用树枝遮挡住直射镜头的太阳，并将树枝当做画面的前景，增加了画面的空间层次感

80mm
f/4
1/600s
ISO 100

在拍摄美女人像时，将虚化掉的花卉当做画面前景，可以使画面更有意境

200mm
f/2.8
1/400s
ISO 100

拍摄荷花时，利用荷叶作为前景，画面更吸引人

训练33　明暗对比的运用

所谓明暗对比，是指利用画面中明暗亮度不同的区域进行对比所产生的效果，这种明暗对比的效果可以强调画面的层次感，增加画面场景的气氛，还可以突出画面的空间感与立体感。想要用明暗对比关系来呈现画面，就要练就一双对光线敏感的眼睛，因为相对于明暗对比的画面来说，人眼对景物的大小对比、色彩对比要更为敏感一些。

180mm
f/5.6
1/200s
ISO 100

利用明暗对比的方式拍摄荷花，得到简洁、干净的画面，荷花的细节形态也得以充分展现

使用明暗对比构图时，需要注意以下几点。

（1）注意测光区域的选择。

在拍摄明暗对比的照片时，要对亮部区域进行测光，亮部区域得到准确曝光的同时，暗部区域可以被压暗，从而得到强烈的明暗对比效果。如果画面的亮暗反差很大，对暗部区域测光拍摄会造成画面曝光过度的现象。

（2）将相机的测光模式设置为点测光。

想要得到明暗反差较大的照片，需要将相机的测光模式设置为点测光模式，在点测光模式下，相机只对画面约5%的区域进行测光。

（3）选择好主体的位置。

通常，在运用明暗对比来表现画面时，在大面积的亮调影像中，小面积的暗色区域会较为吸引人；而在大面积的暗调影像中，小面积的亮色区域则较为吸引人。将想要表现的主体安排在这些吸引人的区域，可以突出主体。

佳能相机中的点测光设置

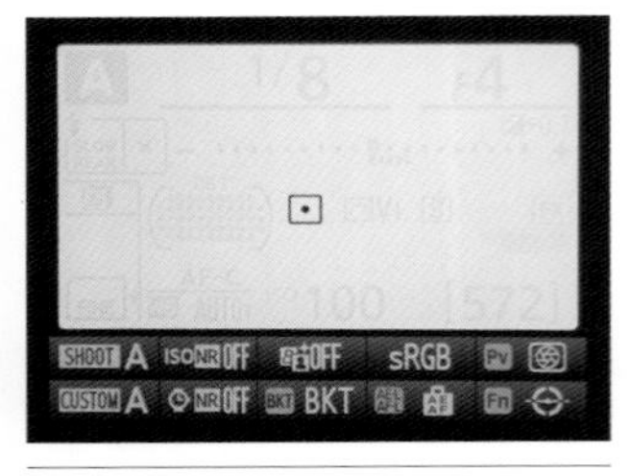

尼康相机中的点测光设置

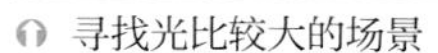

寻找光比较大的场景

对花卉进行拍摄，产生强烈的明暗对比效果，但背景元素还是有些影响画面

变换拍摄角度，使背景更干净，画面更吸引人

200mm
f/5.6
1/400s
ISO 100

拍摄舞台上表演的演员时，利用明暗对比的方式拍摄，可以使演员的动作、表情等信息得到充分体现

200mm
f/8
1/200s
ISO 100

在拍摄山峰时，由于山峰的受光环境不同，利用明暗对比的方式拍摄山峰，画面更吸引人

训练34　虚实对比的运用

虚实对比在摄影中是比较常见的对比方法，主要是通过控制镜头的光圈或是拍摄距离等因素，得到主体区域清晰而其他区域逐渐模糊的画面，这样模糊的区域会衬托清晰的主体，形成鲜明的虚实对比效果。

80mm
f/5.6
1/500s
ISO 100

在拍摄美女人像时，将前景位置的花卉进行虚化处理，利用虚实对比使主体人像更加突出

利用虚实对比拍摄时，需要注意以下几点。

（1）了解景深大小对画面的影响。

景深越大，画面的清晰范围就越大；反之，景深越小，画面的清晰范围也就越小。

（2）利用大光圈得到小景深的虚化效果。

拍摄时，可以通过调整光圈大小来控制景深范围，光圈越大时景深越小，光圈越小时景深越大。利用大光圈，对主体进行拍摄，得到主体清晰背景虚化的照片。

（3）利用不同的拍摄位置控制景深范围。

还可以通过调整主体的距离来控制景深范围，从而压缩背景空间来实现画面的虚实对比。镜头距离主体越近时，景深范围越小；镜头距离主体越远时，景深的范围越大。

光圈为f/22时拍摄的画面，并没有什么虚化效果

光圈为f/4时拍摄的画面，产生了明显的虚化效果

135mm
f/2.8
1/400s
ISO 100

对处在中景位置的花卉进行对焦拍摄，将前景和背景都虚化掉，形成虚实对比效果，将花卉表现得更突出

105mm
f/5.6
1/500s
ISO 100

虚实对比让主体花卉非常醒目，形态及色彩细节得到了充分展现

200mm
f/2.8
1/200s
ISO 100

利用虚实对比拍摄荷花，荷花显得更加突出

训练35　构图中的减法

前面详细介绍了多种构图方法。认真思考一下，会发现这些构图方法尽管在表现形式上有所不同，但其目的都有一个共同之处，就是在为画面做一些减法，让画面表现得更加简洁，从而将主体更加清晰地表达出来。比如井字形构图、框架式构图、开放式构图、明暗对比、虚实对比等。

80mm　f/5.6　1/400s　ISO 100

将美女模特安排在纯色的墙壁前，并让画面中只有人物主体，得到很有画面感的照片

当看到眼前有一些唯美的景象时，先要利用减法思维去构思一下，画面中哪种元素应该留下，哪种元素应该去掉，可以按照之前介绍过的构图方式去拍摄，也可以按照自己的想法进行减法构图。

减法构图是将画面中最迷人、最精华的部分提炼出来，将多余的元素以不同形式过滤掉。这里所说的不同形式有很多种，比如通过大光圈虚化或是利用不同拍摄角度避开杂乱的元素，选择纯色的背景留白，等等。

尽管背景得到虚化，但仍然显得杂乱，影响主体表现

通过变换拍摄角度，让天空作为背景，使主体得到突出

虚化效果不明显，主体不够突出

利用大光圈虚化背景，将杂乱的元素去除，使主体更突出

以平视角度拍摄，画面有些杂乱

通过仰视拍摄，将杂乱的元素去掉，画面简洁干净

随手拍摄的天坛，游客使画面显得杂乱

利用墙壁为画面做减法，挡住杂乱的场景，画面简洁干净

训练36　构图中的加法

前面介绍了构图中的减法，其实在构图中也有加法的应用。简单来说就是为原有的画面添加一些景物，以达到增加画面魅力的目的。构图中的加法也是在强调画面的故事性，以及画面想要表现的情感与情怀。

18mm
f/9
1/400s
ISO 200

徽派建筑本身就极具美感，将水中游动的鸭子也加入画面中，增加了画面的吸引力，使画面更具故事性

在为画面做加法时，需要注意以下几点。

（1）做加法的同时也要保持画面的简洁。

在为画面做加法时，增加的景物也并不是随意的，不是说画面中的元素要有很多就是加法，通常只为画面添加一个亮点，并且要保持画面的简洁。

（2）添加的元素能够使画面加分。

在拍摄时，不要随意为画面做加法，要选择能够为画面加分的元素，否则还不如不添加。

（3）在拍摄时要有预见性。

在拍摄时，要有一定的预见性。比如，在拍摄一枝美丽的鲜花时，可能鲜花上飞来一只采蜜的蜜蜂画面会更好；在拍摄一望无际的大海时，可能海面上行驶过一艘船的画面会更有意境；在拍摄古迹中的屋顶时，有几只飞鸟落在上面会更有画面感，等等。

平静的湖面，配合太阳穿透云层发散出的光，画面已经很有美感，但还有提升美感的空间

等小船经过眼前的湖面时再去拍摄，小船在画面中起到了画龙点睛的作用，画面显得很有意境

24mm
f/4
1/200s
ISO 200

在夕阳余晖的映衬下，海边的画面已经非常迷人，而将行走的路人加入画面，会显得更有意境

80mm
f/2.8
1/400s
ISO 200

在拍摄猫咪时，利用毛线引逗猫咪，并将毛线也添加在画面中，让画面更加生动、有趣

第3部分

曝光与用光训练

摄影本就是光与影的艺术。如同绘画中的画笔颜料，光就是摄影中的画笔，要想拍摄出精彩的摄影作品，就需要了解并熟悉曝光，以及摄影中常会使用到的用光技巧。

本章将从准确曝光入手，带领读者了解诸多摄影中与光有关的知识。

训练37　准确曝光练习

在了解什么是准确曝光之前，先来了解一下曝光之中常会出现的问题——曝光过度和曝光不足。

曝光过度，此时照片画面整体偏亮、发白，亮部细节层次丢失，画面色彩不够艳丽，不能真实还原景物原貌。

曝光不足，此时照片画面整体偏暗、偏黑，画面中暗部细节丢失，也会对画面中的色彩产生影响，使得暗部细节损失明显，画面整体质感非常粗糙，发暗红色。

从以上两者的介绍，不难看出，准确曝光，其实就是一张照片其亮部与暗部都得到准确的表现，细节层次没有丢失，画面色彩也不会因为曝光不准而产生偏差。

200mm
f/2.8
1/800s
ISO 200

准确曝光的照片，其画面细节表现细腻，不会出现细节丢失的情况

实际拍摄中，简单控制曝光亮度的方法如下。

（1）曝光三要素的设置。

如前所述，影响曝光有三要素：光圈、快门速度和感光度。在对拍摄对象进行拍摄时，需要根据三要素与曝光之间的关系，对三要素进行适当设置，从而保证照片曝光准确。

（2）测光模式选择。

为了方便拍摄，相机生产厂商为相机配备了高性能的测光系统，并在相机中设置了多种测光模式，可以根据现场环境光线状况，选择适当的测光模式，从而确保曝光准确。

曝光过度的画面

曝光不足的画面

同一场景中，当光圈与感光度一定时，可以观察不同快门速度对照片曝光效果的影响。

观察以下对比图，可以发现：同一场景中，使用同一焦段镜头拍摄，并且将光圈与感光度固定不变时，快门速度越快，照片曝光量越少，照片越暗；反之，快门速度越慢，照片曝光量越多，照片越亮。

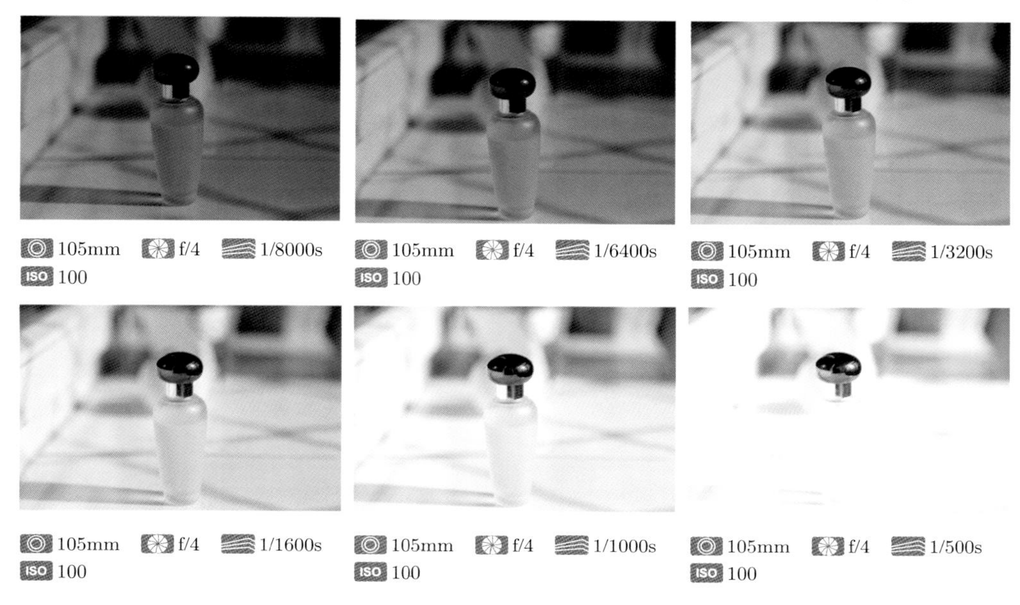

105mm f/4 1/8000s ISO 100

105mm f/4 1/6400s ISO 100

105mm f/4 1/3200s ISO 100

105mm f/4 1/1600s ISO 100

105mm f/4 1/1000s ISO 100

105mm f/4 1/500s ISO 100

同一场景中，同一焦段，当快门速度与感光度一定时，可以观察不同光圈下照片曝光及画面景深效果。

观察以下一组对比图会发现，曝光与光圈的关系是：同一场景中，使用同一焦段的镜头，将快门速度与感光度固定，光圈越小，照片曝光量越少，照片就越暗；反之，光圈越大，照片曝光量越多，照片就越亮。

景深与光圈关系是：同一焦段，同一场景中，光圈越大，照片背景虚化越明显，画面景深越浅；反之，光圈越小，照片背景虚化越弱，背景越清楚，画面景深越深。

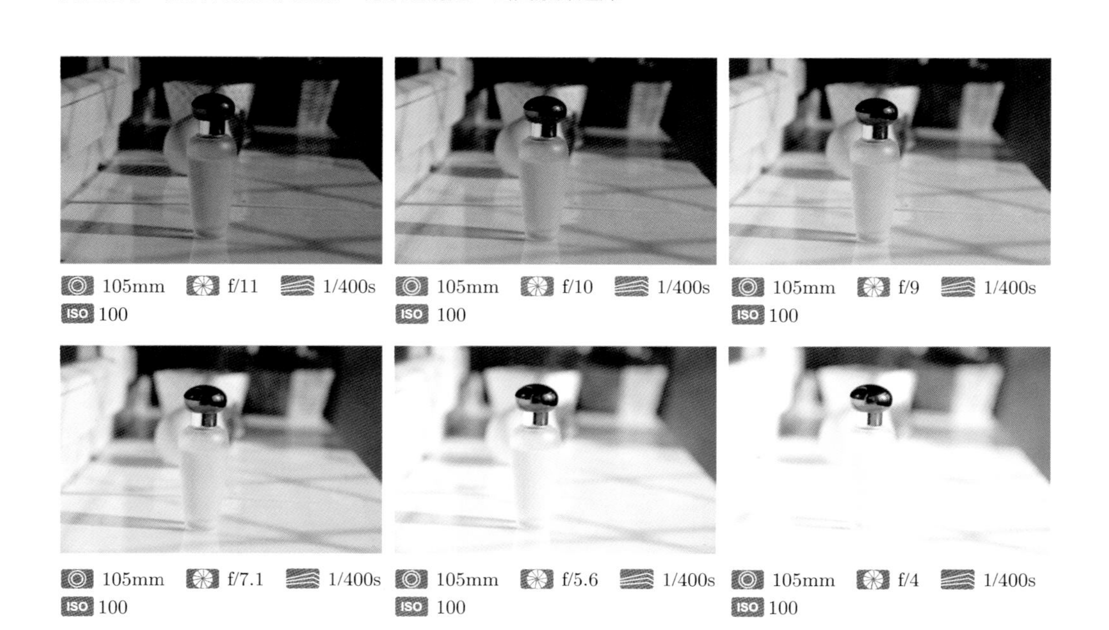

105mm f/11 1/400s ISO 100

105mm f/10 1/400s ISO 100

105mm f/9 1/400s ISO 100

105mm f/7.1 1/400s ISO 100

105mm f/5.6 1/400s ISO 100

105mm f/4 1/400s ISO 100

同一场景中，当光圈与快门速度一定时，可以观察不同感光度对照片曝光的影响。

观察下面一组对比图，会发现，同一场景中，光圈和快门速度一定的情况下，感光度越低，照片越暗；反之感光度越高，照片越亮。

选择适合的测光模式，可以拍摄出曝光准确的照片

在拍摄雾气朦胧的场景时，可以借助相机测光模式进行拍摄

适当设置曝光三要素，使照片曝光准确

拍摄夜景时，使用长时间曝光可以确保照片曝光准确

训练38　闪光灯补光练习

闪光灯可以分为机顶闪光灯和外置闪光灯。在实际拍摄中，若是能熟练运用闪光灯，无疑会对拍摄提供很大帮助。

通常，会在以下几种情况下使用闪光灯。

（1）光线不足

在一些弱光环境进行拍摄，场景内光线不足时，可以使用闪光灯为场景进行补光，从而确保照片曝光准确。

（2）强光下拍摄人像

在光线强烈的中午拍摄人像，人像面部常常会出现较为明显、生硬的阴影，这时可以使用闪光灯进行补光，从而弱化人像面部的阴影，使人像面部光过渡柔和。另外，强光下拍摄人像时，使用闪光灯，还可以为照片添加眼神光，从而使照片更为精彩。

需要注意的是，在拍摄过程中需要及时观察借助闪光灯拍摄之后的实际拍摄效果，避免出现曝光过度。

相机机顶闪光灯

外置闪光灯

70mm　f/4
1/500s　ISO 100

在室内拍摄婚礼照片时，可以使用闪光灯进行补光

训练39 曝光补偿练习

曝光补偿是一种曝光控制方式，曝光补偿量的单位用“EV”表示。

曝光补偿，并不是一种所有拍摄模式下都可以调节的曝光控制方式。一般，在使用程序自动模式、光圈优先模式以及快门优先模式时，可以通过调节曝光补偿量来控制照片的曝光。然而，在使用手动模式时，则无法调节曝光补偿。

实际拍摄时，如果遇到光线较暗的环境，想要照片更加明亮一些，可以增加曝光补偿；反之，减少曝光补偿，照片可以更暗一些。

佳能相机中的曝光补偿项

尼康相机中的曝光补偿项

在实际拍摄中，使用曝光补偿来调整照片的曝光程度，是较为常用的方法。通常，照片偏暗时，会适当增加曝光补偿，让照片更亮一些；照片偏亮时，便会适当减少曝光补偿，从而达到曝光准确。

具体拍摄前，先要熟悉相机中曝光补偿的设置方法。

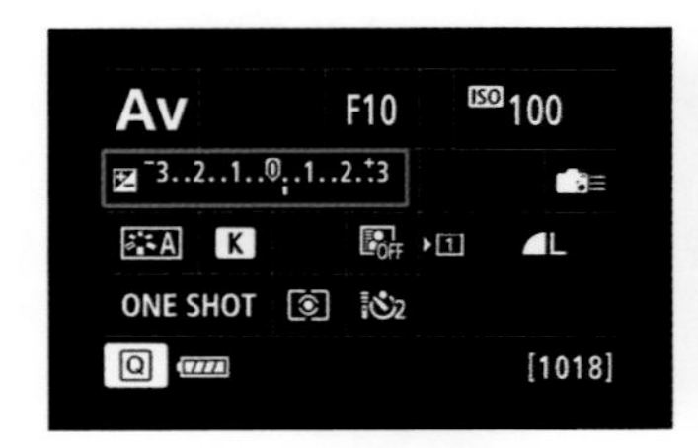

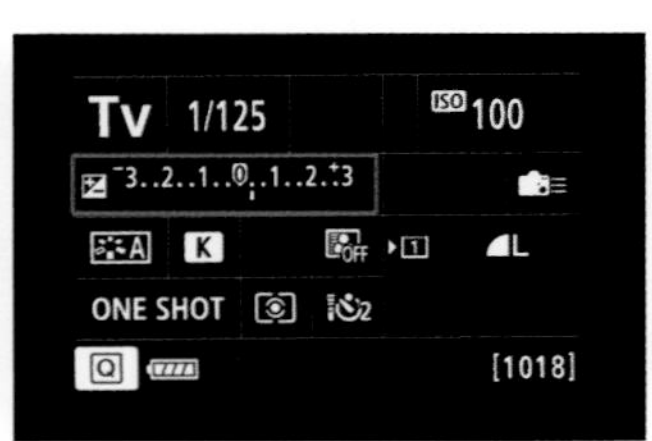

佳能相机中，在光圈优先模式或快门优先模式下，直接转动速控转盘，可以对曝光补偿进行调整

尼康相机中，按住机身顶部曝光补偿按钮，同时转动主指令拨盘，即可对曝光补偿进行调整

同一场景中，将相机设置为光圈优先模式，然后对比不同曝光补偿下照片的曝光情况。

-1EV

-1/3EV

0EV

+2/3EV

+1EV

+2EV

常会用到曝光补偿的拍摄题材有如下几种。

拍摄雪景时，可以适当增加曝光补偿，从而使画面中的白雪更洁白

拍摄黑色主体时，可以适当减少曝光补偿，从而使照片曝光准确

拍摄洁白的丹顶鹤时，增加曝光补偿，可使照片更显整洁

拍摄花卉时，适当增加曝光补偿，可使照片中的细节表现更为清晰

训练40　白色物体拍摄练习

在实际拍摄中，经常会遇到主体以及背景皆为浅色、白色的场景。在拍摄这一类题材时，多会以增加曝光补偿的方法进行拍摄，从而使主体曝光更为准确。

50mm
f/8
1/400s
ISO 800

拍摄白色主体时，通过增加曝光补偿的方法，使画面更洁白

通常，按照相机测光系统测光值拍摄出来的白色主体照片，画面较暗。这时，便需要通过增加曝光补偿的方法进行拍摄，这就是常说“白加黑减”中的“白加”。

具体拍摄中，对比以下一组图，观看其效果。

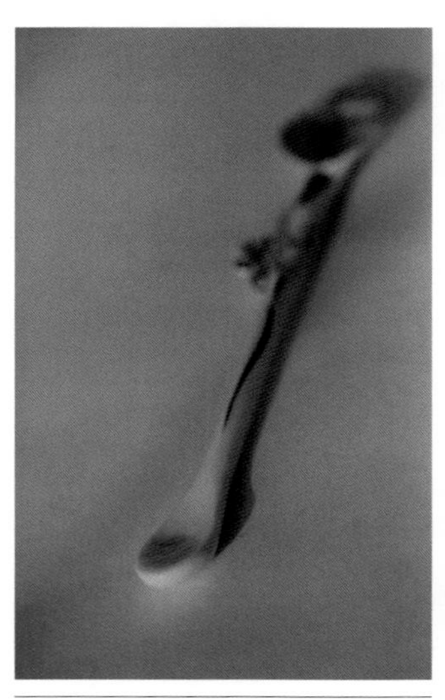

曝光补偿：-1EV

曝光补偿：0EV

曝光补偿：+1EV

对比以上一组照片会发现，在拍摄白色主体时，为使照片曝光准确，需要增加曝光补偿。

训练41 黑色物体拍摄练习

与拍摄白色主体相似，拍摄黑色主体时，为使照片曝光准确，需要减少曝光补偿。

100mm f/8 1/400s 100

拍摄黑色背景与黑色主体时，减少曝光补偿，从而使黑色色彩更准确

在拍摄黑色主体时，会发现当曝光补偿为0时，照片中的黑色主体会出现发灰泛白的现象。为解决这一问题，就需要在拍摄此类作品时，适当减少曝光补偿，从而使黑色主体色彩准确。

曝光补偿：-1EV

曝光补偿：0EV

曝光补偿：+1EV

对比以上一组照片会发现，在拍摄黑色主体时，为使照片曝光准确，需要减少曝光补偿。

训练 42 营造低调效果练习

低调的影像作品，是指整个画面以黑色影调或深色影调为主，亮色的影调占很小的面积，整体给人黑暗、深沉、神秘的感觉。在拍摄低调影像时，要在画面中留有少量的亮色调，并将画面中最吸引人的点安排在亮部区域，可以根据主体特征，有意识地选择大面积黑色影调和小面积的白色影调，以强烈的影调对比，展现出作品的内容和气氛。

200mm f/18 1/200s ISO 100

在拍摄人像作品时，可以使用低调效果进行表现

通常，会在一些弱光环境中拍摄低调作品。在弱光环境下，由于环境中的光线很少，快门速度会很慢，所以要利用三脚架来稳定相机，以保持画面的清晰。并且，最好将相机的存储格式设置为Raw格式，因为Raw格式文件如同相机胶卷一样，能够保留更多的影像细节，今后在后期处理时会有更多选择。

稳定的三脚架

佳能相机中的Raw格式存储设置

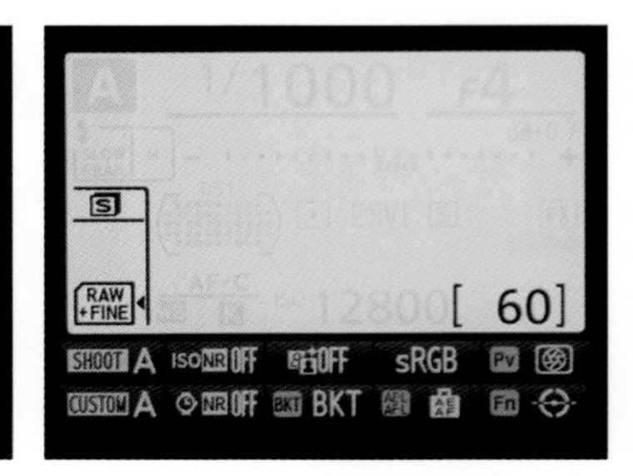

尼康相机中的Raw格式存储设置

200mm　f/8　1/500s　ISO 6400

拍摄暗景舞蹈时，可以为照片营造低调效果

300mm　f/18　1/30s　ISO 100

在拍摄雷电时，可以通过营造低调效果表现闪电

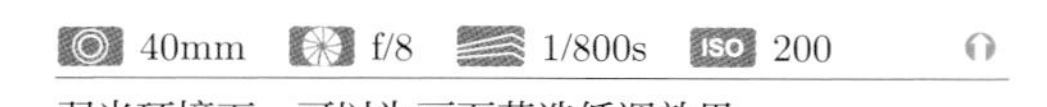

弱光环境下，可以为画面营造低调效果

训练43 营造高调效果练习

高调效果，指的就是在照片中，白色或浅色区域占绝大部分的影调效果。由于高调影像往往会给人以明亮、纯洁、轻松、欢快之感，因此非常适合用来表现女性人物、儿童、花卉、雪景等摄影题材。

100mm
f/18
1/200s
ISO 100

拍摄美食时，可以营造高调效果表现美食的色泽

在拍摄高调照片时，需要注意以下几点。

（1）使用亮色系的背景。利用大面积的亮色系背景，可以为画面带来一目了然的高调效果。在实际拍摄时，可以利用白色或浅色的墙壁、背景布、背景纸等作为画面的背景。

（2）选择亮色系拍摄对象作为画面主体。拍摄女性人像及儿童时，可以通过让人物身着白色或浅色系服装的方法，来增强画面的高调效果；而在拍摄雪景这样的风光题材时，大面积的白雪就是最佳的营造高调效果的元素。

（3）适当曝光过度。在保留那些较为重要的画面细节的前提下，还可以利用曝光补偿或者直接采用手动曝光模式，以适当曝光过度的方式进行拍摄，这样能进一步强化所拍画面的高调效果。

在拍摄光线充足的室内人像时，可以使用高调的方法，突显照片的靓丽洁净

拍摄浅色的主体时，可以采用高调效果进行表现

100mm f/8 1/800s ISO 800

以高调效果拍摄鲜橙，画面更显清新自然

训练44　顺光练习

当光线的照射方向和相机的拍摄方向一致时，便是顺光。顺光光线的覆盖面积很大，主体面向镜头的一面会被照亮，主体的色彩、形态等细节特征可以得到很好的表现。不过，由于顺光不会使物体产生明显的阴影效果，会使画面缺乏层次感和立体感，显得有些平淡。

想要避免顺光的平淡，可以在画面的色彩和构图上多下些功夫。可以选择色彩艳丽的景物作为画面主体，以主体出色的色彩作为画面的吸引点，使画面吸引人；也可以选择色彩对比较大的画面，利用色彩间的对比提高画面的精彩程度；还可以为画面安排一些前景，利用增加画面空间感的方法，使画面不显平淡。

顺光示意图

200mm
f/2.8
1/800s
ISO 100

顺光拍摄，花卉细节得到更为细腻的表现

训练45　逆光练习

所谓逆光，就是指从主体的背后正对相机照射过来的光线，它与相机的拍摄方向形成180°左右的角度，可以说是直对相机。在逆光环境下拍摄，由于主体正对相机的一面几乎背光，会使光源区域和主体的背光区域形成强烈的明暗反差，这样主体很容易出现曝光不足。因此在拍照时，常会避免在逆光环境下拍摄。

不过，逆光环境下也是可以拍摄出精彩的照片的。可以利用逆光的这种特性，将主体压暗成剪影效果，虽然剪影效果不能表现主体的色彩细节等特征，但剪影效果具有其独特的艺术魅力。在逆光下形成的剪影效果，恰恰能将主体的形态轮廓特征表现得更为突出。

另外，也可以利用反光板或灯具等器材对主体的正面进行补光，从而表现出主体的色彩特征等细节。如果是拍摄美女人像，通过这种方式可以得到清新、亮丽的人像作品。

逆光拍摄示意图

300mm
f/8
1/4000s
ISO 100

逆光拍摄，可以得到精彩的剪影效果

训练46　90°侧光练习

90°侧光是来自主体左侧或右侧的光线，其照射方向与相机的拍摄方向成90°的水平角度，这样在画面成像上就与45°侧光有所差别。

在90°侧光环境下拍摄，可以使主体产生鲜明的明暗对比效果，将近一半的主体处在受光区域，其色彩、图案等细节可以得到清晰呈现，而背光面会出现阴影的形态，从而使画面表现得很有质感。

侧光常用于表现层次分明、具有较强立体感的画面。比如，在拍摄人物题材时，可以利用侧光将人物的五官表现得更为立体，将人物性格表现得更为冷酷、刚硬；也可以利用侧光拍摄建筑，将建筑物表现得更为立体、坚固。

侧光示意图

100mm　f/18　1/125s　ISO 100

利用侧光拍摄，照片右方出现明显的阴影，画面明暗过渡强烈

训练47　45° 侧光的练习

45° 侧光也被称为前侧光，是指来自主体左侧或右侧的光线，其照射方向会与相机的拍摄方向形成 45° 的水平角度。

利用 45° 侧光拍摄，可以使景物朝向镜头的一面大面积受光，而局部的背光面会产生阴影效果，这种效果比较符合日常生活中的视觉习惯，景物的受光面可以展现出色彩、形态等细节特征，背光面则同受光面产生明暗反差，从而增加了画面的空间立体效果，使画面不显平淡。在拍摄建筑、人像、花卉题材时，经常会用到这种 45° 侧光。

45° 侧光示意图

100mm　f/8　1/200s　ISO 200

利用45° 侧光拍摄，画面立体感增强

训练48　侧逆光练习

侧逆光和逆光一样，都是从主体的背面向镜头照射过来的光线，只不过侧逆光是与相机的拍摄方向成135°左右的角度。角度上的不同，也使侧逆光与逆光在成像效果上产生一些变化。

在使用侧逆光拍摄时，主体朝向镜头的一面会有一小部分受光，而其余部分则处在背光区域中，这样主体被压暗的轮廓信息可以在画面中得到突出的体现，而主体的一小部分受光面也会将景物的色彩、形态等细节表现在画面中，并且与背光面形成明暗反差，从而增加画面的质感。

侧逆光示意图

100mm　f/18　1/200s　ISO 100

利用侧逆光拍摄美食，美食更显光泽诱人

 120mm
f/8
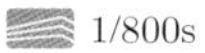 1/800s
ISO 100

侧逆光使建筑物主体产生很小的受光区域，与背光区域形成强烈的亮暗反差，将画面表现得很有气氛

200mm
f/5.6
1/1000s
ISO 100

在沙滩拍摄儿童时，选择侧逆光角度拍摄，可以避免儿童面部过暗

200mm
f/2.8
1/800s
ISO 100

借助侧逆光拍摄花卉，花瓣更显通透美丽

训练49　剪影练习

拍摄剪影，是较为常见的一种摄影技巧，这种方法还可以为照片营造很强的艺术气息。该类作品的特点是，画面中的主体没有影调，完全形成黑影效果，就如同剪下来的影子一般，这类作品在表现事物形态轮廓方面有着其独到之处。

拍摄剪影作品时，一般都会在逆光或侧逆光的角度进行拍摄。另外，多选择在光线较弱的黄昏时分，这一时间段天空色彩绚丽，光线柔和，逆光角度拍摄并不会那么刺眼，剪影效果也会更加唯美。

300mm
f/8
1/2000s
ISO 100

傍晚时分，使用剪影的方法拍摄渔夫撒网的瞬间，照片更为精彩

在实际拍摄中，若想快速掌握剪影拍摄技法，需要注意以下几点。

（1）逆光或侧逆光角度拍摄。

通常情况下，若想出现剪影效果，需要选择在逆光或侧逆光的角度，这样才可以使画面中出现明显的光比关系。

（2）测光点与对焦点的确定。

实际拍摄中，为使剪影主体轮廓清晰，需要将对焦点，对在剪影边缘；另外，为了保证照片整体曝光准确，在拍摄时，需要对画面中亮度适中的区域进行测光，切不可对中画面中最亮或最暗的区域测光。

可以使用剪影的方法进行拍摄人像

可以使用剪影的方法拍摄建筑物的轮廓

200mm　f/8　1/1600s　ISO 100

拍摄树木时，树木的轮廓在剪影效果下得到更为清晰直接的表现

训练50　阴雨天气下的摄影练习

在实际拍摄中，会发现，阴雨天气拍摄的照片也可以非常精彩。

200mm　f/2.8　1/500s　ISO 800

阴雨天拍摄时，使用手动对焦，可以更为准确地完成对焦

阴雨天拍摄时，需要注意以下几点。

（1）器材的保护。

为使拍摄顺利进行，在拍摄之前需要为相机及摄影师准备一些保护措施，尽量避免雨水打湿相机或摄影师。

（2）对焦模式选择。

阴雨天拍摄时，由于环境处于弱光条件，相机自动对焦功能极有可能出现失灵、对焦不准等情况，因此，在实际拍摄中，可以根据具体情况，选择适合的对焦方法。

（3）辅助器材选择。

阴雨天，可以拍摄的题材种类很多，在具体拍摄时，需要根据主体选择适合的辅助器材。比如，在拍摄细小的雨滴时，可以准备微距镜头；在拍摄阴雨中的闪电时，可以准备三脚架、快门线等辅助器材。

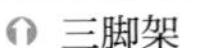

三脚架

快门线

微距镜头

100mm
f/5.6
1/400s
ISO 400

阴雨天，选择沾满水的花蕊进行拍摄

100mm
f/7.1
1/1000s
ISO 640

在拍摄沾满水的蛛网时，可以使用手动对焦进行对焦拍摄

400mm
f/22
30s
ISO 100

拍摄闪电时，可以使用相机B门进行拍摄

训练51　雾天摄影练习

在诸多天气中，选择大雾弥漫的时候拍摄，既考验摄影师的拍摄水平，也为摄影增添乐趣。

300mm
f/8
1/500s
ISO 100

选择合适的主体进行拍摄，可以使画面更为精彩

与阴雨天拍摄相同，在大雾天气拍摄时，也需要注意以下几点。

（1）选择手动对焦。

通常情况下，雾天拍摄中，由于环境之中大雾的影响，很多时候会导致相机自动对焦不准的情况发生，因此，我们需要选择手动对焦进行对焦拍摄。

（2）选择适合的拍摄主体。

在实际拍摄中，由于大雾环境中很多场景都会被雾气遮盖，因此在取景时，应该选择一些场景独特、有趣味的主体进行拍摄。

佳能相机中的手动对焦模式设置拨杆

尼康相机中的手动对焦模式拨杆

40mm f/12 1/800s ISO 100

在雾气朦胧的天气中，使用手动对焦拍摄山景

训练52　多云天气拍摄练习

这里所说的多云天气，主要是指晴朗天气下，天空中有很多云彩的情况。

17mm　f/12　10s　ISO 100

天空中的云彩作为陪体，烘托整张照片

在多云天气进行拍摄，需要注意以下几点。

（1）镜头。

在多云天气拍摄时，很多时候会将天空中的云彩作为画面主体，若要细致表现云层关系，选择一支适合焦段的镜头，就变得尤为重要。

（2）滤镜。

在多云天气中拍摄风光作品时，为使画面更为精彩，多会准备一枚或者多枚减光镜片，从而利用长时间曝光，借助天空中云彩运动轨迹，为画面增添动感、冲击力。

（3）巧妙运用云彩与光线。

在多云天气拍摄时，由于云层之间存在缝隙，再加上光线照射，很容易出现丁达尔现象。

使用广角镜头拍摄，远处云彩表现不突出

使用长焦镜头拍摄，云彩更显细致

200mm

f/15

1/800s

ISO 100

多云天气，拍摄到漫天出现的丁达尔现象

35mm

f/22

10s

ISO 100

借助减光镜，拍摄到云彩飘动划出的痕迹

训练53　雪天摄影练习

与前述几种天气状况相比，雪天摄影被更多的摄影爱好者所喜爱。

200mm　f/2.8　1/800s　ISO 100

选择色彩艳丽的树叶作为主体，画面更显精彩

雪天拍摄中，需要注意以下几点。

（1）相机保护。

雪天拍摄中，尤其需要注意保护相机，这主要体现在室内外温差方面。具体来说，将相机由室内拿到室外时，需要先将相机放在相机包中，当相机温度与室外温差减少到最小时，再将其从相机包中拿出；将相机从温度极低的室外拿到暖和的室内时，也需要先将相机放在相机包中，切不可直接将相机拿到室内，以免造成镜头中出现雾气。

（2）适当增加曝光补偿。

雪天拍摄时，可以适当增加曝光补偿，从而使雪景更显洁白。

（3）营造蓝调效果。

拍摄雪景时，可以适当调整白平衡，从而为照片营造蓝调氛围。

（4）选择色彩艳丽的主体，使画面更精彩。

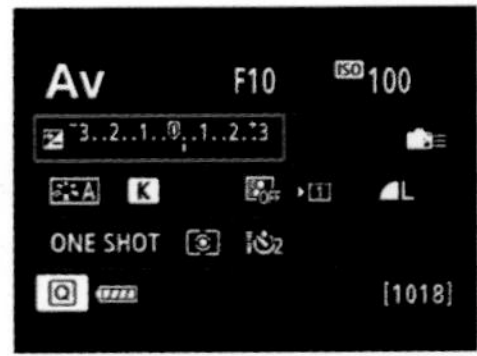

佳能相机中的曝光补偿设置项

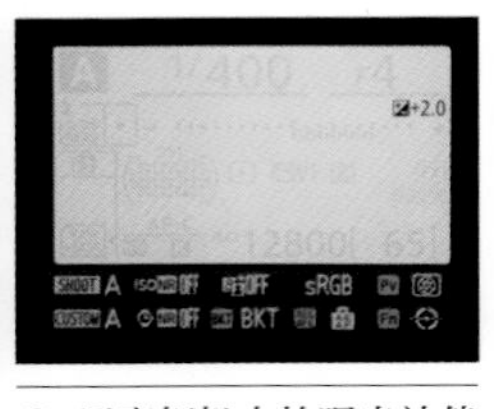

尼康相机中的曝光补偿设置项

佳能相机中的白平衡设置项

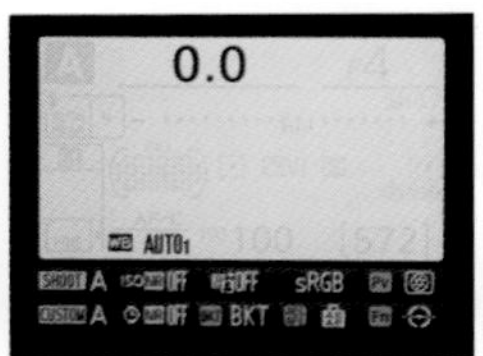

尼康相机中的白平衡设置项

大雪天气，可以选择雾凇景色进行拍摄

训练54　早晨、傍晚时分的光线练习

在清晨拍摄时，由于太阳在离地平线很近的位置，照射出的光线非常柔和，可以给画面带来温润、柔美的光照效果，而且早晨的空气很干净，也相对湿润，可以将画面表现得非常透彻，此时的光线非常适合拍摄风光题材和花卉题材的摄影作品。

另外，清晨光线的色温比较低，所以整幅画面会呈现偏蓝的冷色调，给人沉稳、安静的画面感，而在太阳光附近的云彩会形成暖色调，与冷色调形成对比，给人很强的视觉冲击。

70mm　f/18　1/500s　ISO 100

日出时产生的暖色调的光线，与地面的冷色调形成鲜明对比，增加了画面的视觉冲击效果

35mm　f/15　1/800s　ISO 100

清晨拍摄风光照片时，光线柔和，画面色彩更显艳丽

太阳落山后的傍晚，夜幕降临，此时天空还会有一些从地平线照射的余光，从而形成深蓝色的天空。很多人以为只有在天黑了、灯亮了的时候才可以拍摄夜景，其实不然，黑色暗淡的天空会让画面显得过于沉闷，而太阳刚落山时的傍晚，华灯初上，天空还有让人陶醉的深蓝色，才是拍摄夜景的最佳时机。

在实际拍摄时，要准备好稳定相机的三脚架，以及控制快门的快门线，如果相机镜头上还装有白天拍摄时的UV镜，最好将UV镜取下，以保证进光充足，画面清晰。

35mm
f/17
10s
ISO 100

傍晚时分拍摄，光线柔和，可以在减光镜的帮助下拍摄海景

200mm
f/7.1
1/500s
ISO 100

傍晚时分拍摄城市海景，在昏黄光线的烘托下，照片更具氛围感

训练55　正午顶光练习

中午时分，太阳光线最为强烈，并且直接向下投射在物体上，使主体的顶部受光，而其他地方则处在阴影区域中。因此，正午时分的光线并不太适合拍摄，比如在拍摄人像时，受强烈的太阳光照射，人物的鼻子、眼睛、脖子等都会出现阴影，容易造成很难看效果。

但并不是什么题材都不适合正午拍摄，一些自然环境中的大场景也可以在正午时分拍摄，比如山峦、湖面、花海等表现事物顶部色彩细节的画面。另外，如果想要在中午拍摄人像，可以让人物摆出抬头的姿势，以减少脸上的阴影。

还需要注意的是，在正午拍摄时，切不可将相机对向太阳，以免镜头聚焦作用烧毁相机。

200mm
f/8
1/500s
ISO 100

正午时分拍摄棱角分明的高山，山脉更显硬朗

400mm
f/8
1/2000s
ISO 100

正午光线充足的时候，我们可以使用高速快门定格拍摄到运动员滑雪撞起雪花的瞬间

训练56　林中点光与泻光的运用

除了拍摄云彩时会出现丁达尔现象以外，在古树参天的树林中，也可以见到这一现象。

70mm　f/8　1/800s　ISO 100

借助点测光，可以更为准确地拍摄林间光线

在林中拍摄穿过树隙间的光线时，需要注意以下几点。

（1）使用点测光。

在树林中拍摄时，会发现场景中明暗光比较大，为保证洒进林中的光线曝光准确，需要使用点测光，对场景中较亮区域进行测光。

（2）使用小光圈。

为使画面获得足够景深，需要使用小光圈进行拍摄。

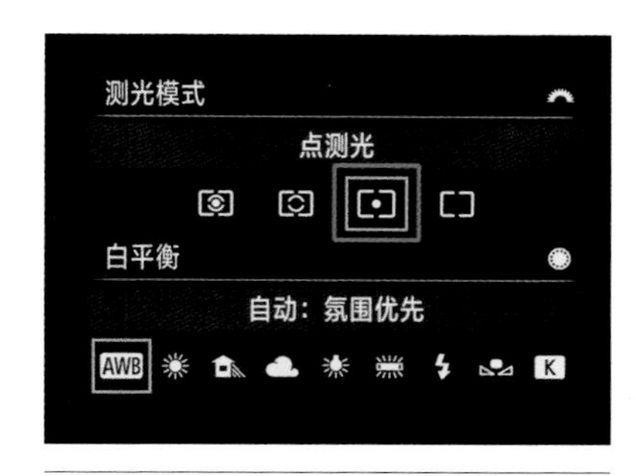

佳能相机中的点测光设置项

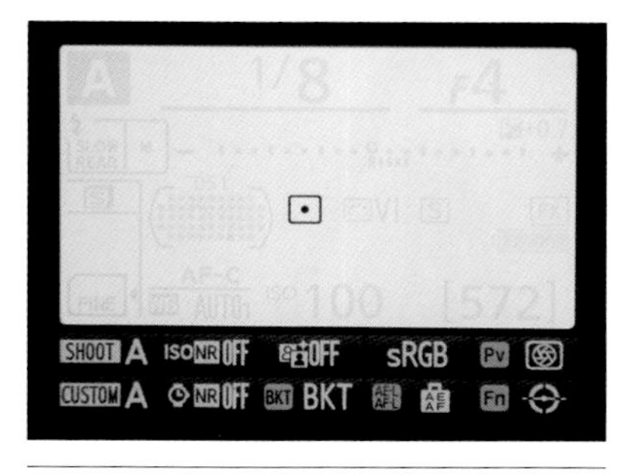

尼康相机中的点测光设置项

训练57　夜景拍摄练习

夜景拍摄之中，无论是大街上孤寂的街灯、马路上繁忙的车流，还是商铺里闪烁的霓虹，都可以带来无尽的拍摄惊喜。

18mm
f/22
15s
ISO 100

拍摄城市夜景时，可以使用长时间曝光进行拍摄

为拍摄出精彩唯美的夜景照片，需要注意以下几点。

（1）使用慢速快门进行拍摄。

通常，夜景拍摄中，由于环境处于弱光条件，因此多使用长时间曝光的方法进行拍摄。

（2）选择线条美丽的地方取景。夜景拍摄，取景很关键。

（3）寻找最佳拍摄位置。

通常，在拍摄夜景作品时，选择较高位置俯视拍摄，可以囊括更为广阔的城市景色。

（4）器材准备。

当然，拍摄夜景时，也需要准备三脚架、快门线等辅助器材。

（5）选择太阳落山后半小时内进行拍摄。这一时间段，天空呈现蔚蓝色，拍摄出来的照片色彩更为绚丽精彩。

三脚架

快门线

24mm f/18 15s ISO 100

选择太阳落山后半小时内进行拍摄，照片色彩更为绚丽

训练58　光绘练习

在漆黑的夜晚，用光源作为画笔作画，简称光绘。光绘是夜景摄影中比较独特的一种，操作简单，只需有个光源（手电筒、蜡烛、手机屏幕、焰火等）和相机，选择一个没有杂光，比较黑的场所即可操作。当然，光绘并不仅仅局限于光源在动，还可以通过晃动相机，来完成光绘摄影。

40mm
f/18
15s
ISO 100

借助光绘方法，用光任意涂鸦

具体拍摄时，需要注意以下几点。

（1）选择较暗的拍摄环境。

光绘摄影可以选择在室内也可以在室外进行，前提条件是需要有一个较暗最好是全黑的空间。在室内拍摄时，需要将房间内所有的灯及其他会发光的电器关闭，并将窗帘拉上，以免室外的灯光照射进来影响效果。在室外拍摄时，也需要选择一个相对较暗的环境来完成。因为周围环境中的任何杂光都会对画面有影响。当然，如果是刻意结合周围环境来构图的除外。

（2）穿着颜色为黑色等深色系服装。

浅色衣服容易反射光线，尤其是白衣服，深色衣服相对没那么容易反光。因此为了不留下多余的身影，在描绘图案时要穿黑色或深色衣裤。

穿着深色衣服的作画者也不可以在一个地方停留时间过长，外拍环境下在一个地方停留1秒以上拍出的画面上基本都有残影。除非是使用小光圈，或者是在全黑的暗房环境中。

手电筒

荧光棒

借助光绘方法，可以使照片更为精彩

训练59 利用现场环境中的反光拍摄练习

在室外拍摄人像时，主要依靠自然光线进行拍摄。然而，借助自然光拍摄时，人像面部或多或少会出现一些阴影的区域，为避免这些阴影导致画面不够通透，可以将一些反光性较强的事物作为反光板，为模特进行补光。

35mm
f/18
1/800s
ISO 100

借助白色桌面进行反光，使儿童的皮肤亮度与色彩更为柔和

自然界中，有很多反光较强的事物，比如玻璃墙面、沙滩、雪地、平静的水面等，都可以充当天然反光板的作用，拍摄中要灵活利用这些天然反光板。

实际拍摄时，还需要注意以下几点。

（1）避免反光过强。

借助这些反光板拍摄，其主要目的是让人像面部等区域的阴影减淡，使画面中明暗过渡柔和，照片更加通透。因此，在拍摄时，反射光切不可太亮，以免导致照片曝光过度，细节丢失。

（2）拍摄时灵活运用曝光补偿。

在借助这些反光事物反光拍摄时，因为反射光的加入，会导致一些测光数据的偏差，需要根据实际情况，适当调节曝光补偿，以保证照片曝光准确。

（3）需要注意反光物体颜色，以免反光物体颜色干扰主体。

在选择反光物体时，应尽量避免色彩艳丽的反光，否则反光物体的颜色也会反射到主体之上，从而导致主体偏色。

借助水面作为反光物，对人物面部进行补光

选择颜色艳丽的反光物，人像肤色容易发生偏色

85mm f/4 1/500s ISO 100

借助白色沙滩作为反光物，使人像皮肤亮度与色彩更为柔和

训练60　多重曝光练习

多重曝光，源于胶片摄影，简单来说就是在一张底片上曝光多次，通常，将曝光两次的称为二次曝光。

现在大多数数码单反相机都保留了胶片机的这一功能，使用多重曝光可以增加照片趣味性，创作空间也得到拓宽。不过，在使用多重曝光时，需要控制好照片曝光量以及取景，不然多次曝光下来照片要么曝光过度，要么杂乱无章没有价值。

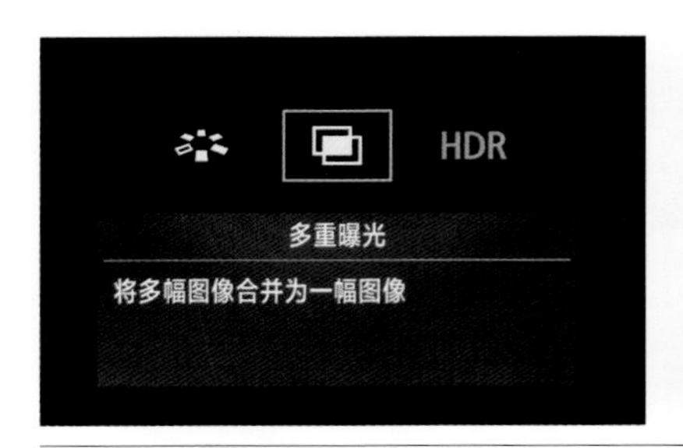

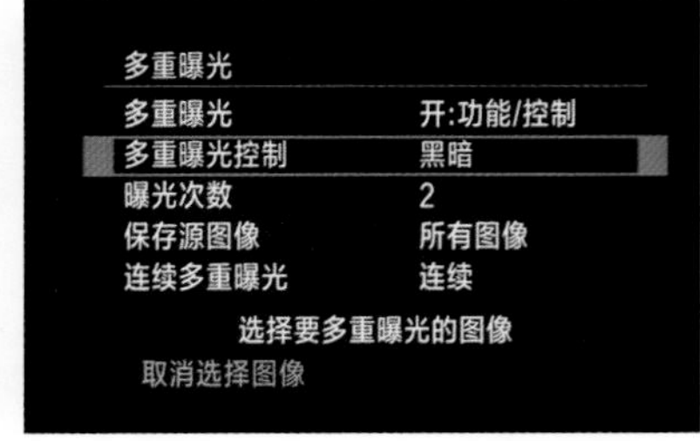

在之前的佳能EOS数码单反相机系列中，相机是不带多重曝光功能的。不过，随着摄影爱好者对多重曝光的喜爱程度增高，以及其他原因，佳能相机在近年新出的EOS数码单反相机中，也为用户提供了多重曝光功能，并且在多重曝光控制方面更进一步，提供了四种控制模式，比如佳能EOS 5D Mark III数码单反相机就具备这一功能。在使用此款相机拍摄时，只需简单几步设置，便可以拍摄多重曝光作品

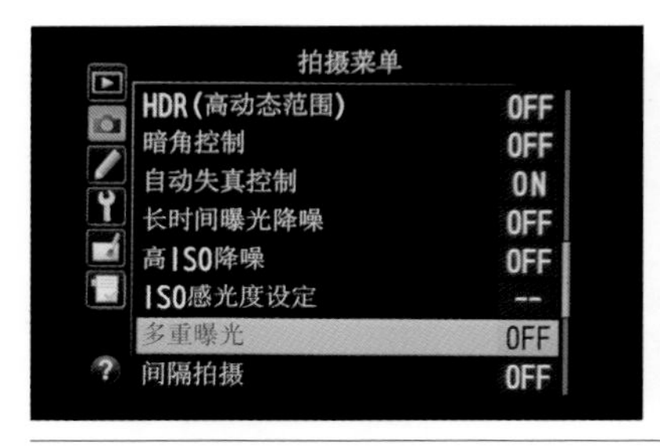

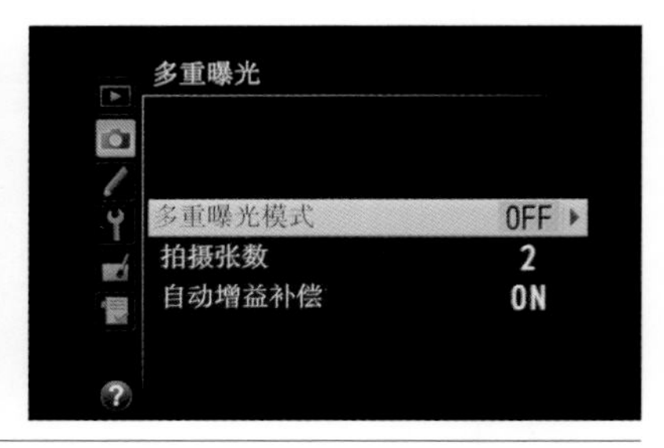

与佳能公司不同的是，尼康相机一直都保留着多重曝光这一功能，用户可以在相机拍摄菜单中直接找到多重曝光选项，并对其进行设置，轻松开启多重曝光

第一张

第二张

在拍摄多重曝光效果的照片时，前期的创意和想法显得非常重要，“多曝”不等于“乱曝”。主体和陪体的关系要恰当，不能相互干扰，要使得叠加起来的照片效果更加简洁、真实、主次分明以及协调自然。

拍摄时，要控制好每一幅作品的曝光量。在正常曝光的情况下，适当降低曝光补偿，以免叠加之后的最终作品曝光过度。

50mm  f/2.8  1/400s ISO 100

多次曝光能将普通花卉拍摄出梦幻的效果

第4部分

色彩训练

在欣赏一幅摄影作品时，会发现色彩在画面中的呈现是最为直观的，色彩给观众的印象也是最深刻的。在进行拍摄练习时，要学会运用不同的色彩知识去构建画面，以得到优秀的照片。本章就来介绍一下摄影中关于色彩的一些知识。

训练61　以红色为主要色系的拍摄练习

红色，是可见光谱中长波末端的颜色，波长大约为610～750纳米，类似于新鲜血液的颜色。在视觉体验方面会给人们带来喜气、热烈、奔放、激情等情感触动。

120mm
f/9
1/200s
ISO 200

太阳落山时，光照强度减弱，天空和云彩常会呈现出一种火红的颜色，画面表现出热烈、温暖的感觉

拍摄以红色系为主的照片时，需要注意以下几点。

（1）选择有红色系画面的场景。

以红色为主要色系的场景其实很常见，比如落日黄昏时的天空、秋天满山的红叶、夏天盛开的红色花卉等。在华人文化里，春节以及嫁娶等大日子也常会用到红色，因为红色代表着喜庆祥和。

（2）注意与红色的色彩搭配。

想要拍摄以红色系为主的画面，要保证画面整体的色彩倾向，并不是说拍摄的主体为红色就是红色系画面，这里也包括主体周围和背景的颜色，可以是红色，也可以是与红色相近的颜色。

（3）避免其他颜色影响到画面倾向。

在拍摄以红色系为主的画面时，要尽量避免和与红色产生强烈反差的颜色进行搭配，比如绿色、蓝色、黄色等，这些色彩如果出现过多，就会破坏画面的色彩倾向。

拍摄红色花卉时，选择水面作为背景，会使画面产生鲜明的色彩对比，不会拍出以红色系为主的照片

拍摄红色花卉时，利用红色元素当做背景，可以使画面总体色彩倾向于红色，拍出以红色系为主的照片

 80mm
 f/6.5
 1/200s
ISO 200

在中国人眼中，红色代表着喜庆，照片中的红色灯笼占满了画面，表现出一种浓浓的节日气氛

180mm
f/2.8
1/500s
ISO 100

红色对于中国人来说还代表着祝福，充满画面的红色平安符，给人一种很美好的感觉

120mm
f/2.8
1/400s
ISO 100

利用特写的方式拍摄红色花卉，整个画面的色彩都倾向于红色，画面效果很迷人

训练62　以蓝色为主要色系的拍摄练习

蓝色，是红、绿、蓝三原色中的一元，在这3种原色中它的波长最短，为440～475纳米，属于短波长。从色彩给人的感觉来说，蓝色也是最冷的色彩，这也就使得蓝色照片给人更加深远宁静的感觉。

200mm
f/8
1/2000s
ISO 400

海浪与天空形成的蓝色系画面，给人带来一种清新、自然的感觉

拍摄以蓝色系为主的照片时，需要注意以下几点。

（1）选择以蓝色系画面为主的场景。

蓝色系的画面主要出现在风光题材中，在进行拍摄练习时，可以选择天空、大海、湖水等蓝色系画面；夜晚城市中，蓝色的灯光也可以带来蓝色系的效果。

（2）蓝色系带给画面的特点。

从视觉方面来说，纯净的蓝色通常会给人一种美丽、冷静、理智、安详与广阔的感觉。另外，从情感方面来说，蓝色代表着秀丽、清新、宁静、忧郁、豁达、沉稳、清冷。

（3）注意与蓝色的色彩搭配。

在色轮中，蓝色的互补色是黄色，对比色是橙色，邻近色是绿色、青色、靛色。在拍摄以蓝色系为主的画面时，除蓝色主体景物外，其他景物也要是与蓝色相近的颜色，不要与蓝色有太大的反差，以免破坏画面整体的色彩倾向。

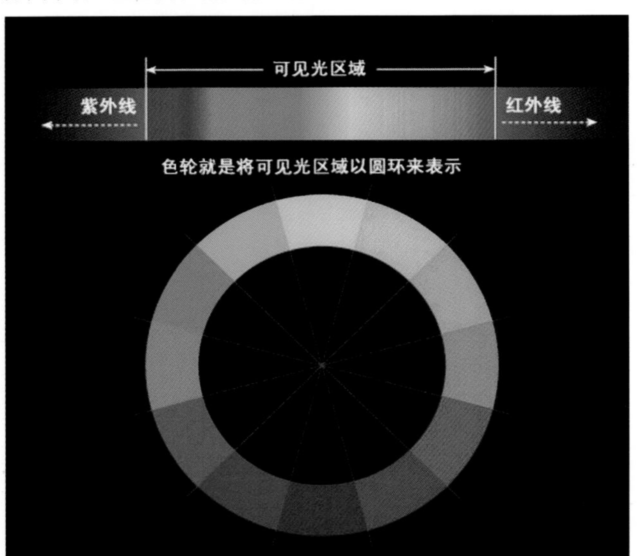

可见光区域图和色轮图

 24mm

 f/8

 1/500s

ISO 100

幕墙上映衬出天空的蓝色，与天空形成一幅蓝色系的画面，给人带来一种宁静、自然的感觉

 30mm

 f/5.6

1/60s

ISO 400

清晨的天空与湖面形成的深蓝色调，给人一种平静、清冷的视觉感受

100mm

f/5.6

1/100s

ISO 600

蓝色调的溶洞画面，给人一种宁静且神秘的感觉

训练63　以黄色为主要色系的拍摄练习

黄色，也是三原色之一，是波长为570～585纳米的光线所形成的颜色。红、绿色光混合可产生黄光，蓝色为其互补色，拍摄以黄色为主要色系的画面，往往会给人带来温暖的视觉感受。

20mm　f/8　1/200s　ISO 800

黄色是金秋最具代表的颜色，黄色代表着丰收和收获，将金黄的树林构建在画面中，会给人带来欢乐喜悦的感觉

拍摄以黄色系为主的照片时，主要注意以下几点。

（1）选择黄色系画面的场景。

拍摄以黄色为主要色系的画面，可以给人艳丽醒目的视觉感受，因此很多摄影爱好者都喜欢拍摄油菜花、向日葵等呈现娇嫩、芳香黄色的花卉。另外，傍晚时分，阳光多呈现黄色光线，在这时进行拍摄，可以为照片添加几分温暖、祥和的视觉效果。

（2）黄色系呈现的画面特点。

黄色的波长适中，是所有色相中最能发光的色，会给人一种轻快有活力、充满希望的色彩印象。黄色在色相中也是最能够吸引人们视线的颜色之一，这也是道路上的警示牌都用黄色标记的原因。

（3）注意与黄色的色彩搭配。

在拍摄以黄色系为主的画面时，要避免大面积与黄色形成色彩反差的颜色出现，那样会破坏画面的色彩倾向，比如紫色、蓝色等，可以选择与黄色相近的色彩搭配，比如红色、橙色等。

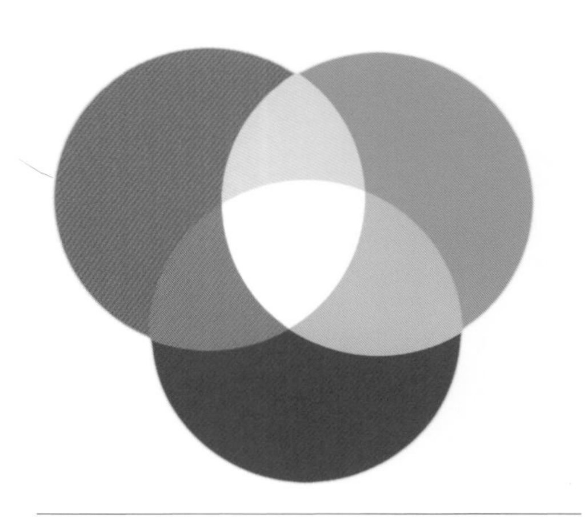

红色和绿色光结合可以产生黄光，黄色是最能引起人们注意的颜色之一

拍摄金黄的沙漠时，深蓝色的天空与沙漠形成了鲜明的色彩对比，画面就不是以黄色作为主要色系的照片

拍摄金黄的沙漠时，天空的灰色与沙漠的颜色反差不大，主色调还是倾向黄色

100mm
f/2.8
1/800s
ISO 100

采蜜的蜜蜂和向日葵形成的黄色系画面，给人带来热烈、充满生机的感觉

180mm
f/8
1/400s
ISO 400

落山前的太阳将天空和海面照耀成迷人的黄色，给人的感觉非常温暖

180mm f/3.2 1/800s ISO 300

猫咪和木制楼梯的颜色都倾向于黄色，形成一幅以黄色为主的暖色调画面

训练64　以绿色为主要色系的拍摄练习

绿色，是自然界中常见的颜色，是在光谱中介于青与黄之间的那种颜色，比如夏季树叶、竹叶、小草等都是绿色。绿色属于可视光部分中的中波长部分，波长大约为500～570纳米。拍摄以绿色为主要色系的画面，可以给人自然、舒适的感觉。

65mm
f/8
1/800s
ISO 400

大草原与树木组成了以绿色系为主的画面，给人一种舒适、自然的感受

拍摄以绿色系为主的照片时，需要注意以下几点。

（1）选择绿色系画面的场景。

拍摄风光题材的照片时，以绿色系为主的画面比较常见，比如草原、森林、麦田、树叶等，这些绿色系元素大部分是植被的颜色，既可以拍摄大场景的绿色画面，也可以拍摄像树叶那样小场景的画面。

（2）绿色系呈现的画面特点。

在视觉感受方面，绿色可以给人清新、舒适之感，有时还可以将绿色引申为希望、安全、平静之意。在拍摄练习时，恰当运用绿色，可以为照片增添青春、有朝气的气氛。

（3）注意与绿色的色彩搭配。

在拍摄以绿色系为主的画面时，要尽量避免和能与绿色产生强烈反差的颜色做搭配，比如与绿色成强烈对比的红色、黄色、橙色等颜色，如果避免不了这些颜色，也不要让其占有太大面积，否则会破坏绿色的色彩倾向。

拍摄绿色的山林时，天空中红色的晚霞打破了画面的色彩倾向

将绿色的山林结合淡蓝和淡紫色的天空，整体画面还是倾向于绿色系

在进行拍摄练习时，可以选择以绿色系为主的小场景画面进行拍摄。

树叶与水中倒影形成以绿色为主的画面

嫩绿的小草形成以绿色为主的画面

树叶与绿色背景形成以绿色为主的画面

在进行拍摄练习时，也可以选择以绿色系为主的大场景画面进行拍摄。

梯田形成以绿色为主的画面

孔雀开屏后形成以绿色为主的画面

仰视拍摄的树林形成以绿色为主的画面

 75mm f/5.6 1/1000s ISO 100

山林和草地组成的绿色系画面，呈现出一种自然、充满生机的视觉感受

24mm f/5.6 1/600s ISO 200

透过河水，水草将河水映成绿色，并与山上的树木组成绿色系的画面，展现出大自然最真实的一面

训练65　以白色为主要色系的拍摄练习

白色，是一种包含光谱中所有颜色光的颜色，通常被认为是“无色”的。白色的明度最高，无色相。通常，以白色系为主的画面都会显得很亮丽，给人明快、舒适的感受。

90mm
f/5.6
1/600s
ISO 200

雪景是非常迷人的自然景观，同时也是拍摄白色系画面很好的主题

拍摄以白色系为主的照片时，需要注意以下几点。

（1）了解白色给画面带来的视觉感受。

白色在文化沉淀过程中有着其独特的象征意义，比如公正、纯洁、端正、正直、少壮以及超脱凡事与世俗的情感。在拍摄练习时，可以借用白色给人的这些感受来诠释画面主体。

（2）选择以白色系为主的场景。

可以利用白色系的画面表现美女人像、静物等题材，从而表现美女人像的纯洁优美、静物的整洁细腻。也可以利用白色系画面诠释可爱的小婴儿或小宠物，或是在下雪时拍摄白色系的风光画面。

（3）调节曝光补偿使颜色更加洁白。

受相机测光系统的影响，在拍摄以白色为主的画面时，常会遇到画面灰暗、曝光不足的现象。此时，应该遵循白加黑减的法则，为相机适当增加曝光补偿，以使白色画面更为洁白、明亮。

拍摄雪景时，未增加曝光补偿的效果

拍摄雪景时，增加1EV曝光补偿的效果

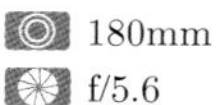

180mm
f/5.6
1/600s
ISO 100

拍摄白色长毛猫的画面，选择浅色的毛毯作为背景，利用白色系表现出猫咪的洁白与可爱

75mm
f/5.6
1/500s
ISO 100

拍摄充满肥皂泡泡的浴盆中的女孩，利用白色系可以给人一种纯洁、清新的画面感

训练66　以黑色为主要色系的拍摄练习

黑色，简单来说，就是没有任何光线存在时事物呈现出来的色彩效果，其基本定义为没有任何可见光进入视觉范围，比如漆黑的夜晚。在拍摄以黑色系为主的画面时，往往会营造出一种深沉、神秘的环境气氛。

利用黑色系画面来表现人像，可以将人物展现得坚毅、冷酷

拍摄以黑色系为主的照片时，需要注意以下几点。

（1）选择黑色系画面的场景。

拍摄以黑色为主的画面时，画面情绪、气氛等视觉感受会表现得很强烈。可以利用黑色画面表现人像、动物和人文等多种题材，比如利用黑色系画面表现人物坚硬的性格，或是表现很有力量的画面。

（2）黑色给画面带来的视觉感受。

之前介绍过，白色会给画面带来纯洁、正直等视觉感受，黑色与白色正好相反，黑色系会给画面带来冷酷、阴暗、神秘、坚毅等视觉感受。

（3）调节曝光补偿使画面曝光准确。

在拍摄以黑色系为主的画面时，也要遵守白加黑减的原则。拍摄黑色物体，相机的测光系统会“自作聪明”地以为画面太黑暗，从而提高黑色的亮度，破坏了正确的曝光，如果出现这种情况，可以适当减少曝光补偿，以确保黑色画面的曝光准确。

（4）利用点测光对画面明亮区域进行测光。

在拍摄以黑色为主的场景时，画面不可能是全黑的，总会有一些明暗的区域，可以将相机设置为点测光模式，对这些明暗的区域进行测光拍摄，以压暗整体画面亮度。

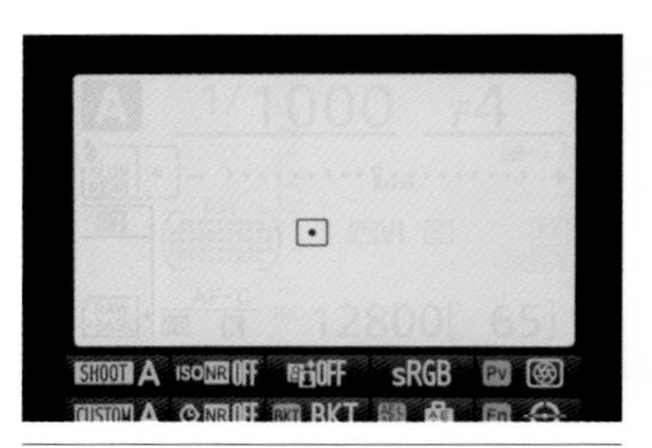

尼康相机中的点测光模式

佳能相机中的点测光模式

 24mm

 f/5.6

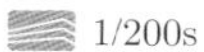 1/200s

ISO 400

利用黑色系表现层峦叠嶂的山峰，使画面充满神秘感

20mm

f/5.6

1/600s

ISO 100

利用黑色系拍摄猫咪，将猫咪表现得神秘、诡异

训练67　黑白摄影

如今拍摄的照片大部分都是彩色的，但其实拍摄黑白相片可以令画面更具艺术感。没有色彩的干扰，照片所要表达的内容会更为直接。在进行拍摄练习时，不妨尝试一下拍摄黑白影调的画面，感受一下黑白影调表现出的画面感。

120mm
f/2.8
1/600s
ISO 100

利用黑白摄影拍摄花卉，花卉盛开的形态得到充分体现，非常有画面感

在拍摄黑白影调的画面时，为了使画面更加迷人，应该注意以下几点。

（1）选择拍摄不同类别的黑白影调画面。

黑白影调可以分为三大类：高调、低调和中调。不同的影调会给画面带来不同的感情色彩，比如拍摄高调画面会给人明快、淡雅、轻盈的感觉，拍摄低调画面会给人一种庄重、深沉、神秘的感觉，拍摄中调画面会给人一种和谐、平稳的感觉。

（2）拍摄时将相机存储格式改为Raw格式。

相信很多刚接触摄影的朋友都没有存储Raw格式文件的习惯，主要是因为Raw格式文件太大。其实在拍摄黑白照片时，建议使用Raw+JPG格式进行存储，因为Raw格式会记录画面更多的内容，有利于在后期对画面进行一定程度的微调处理，比如调整曝光、饱和度、对比度等。

（3）留意画面中的光线。

拍照其实就是在跟光线打交道，黑白照片没有颜色，但可以利用画面中的光线来增加吸引力，使画面更有艺术气氛。

（4）人为地将彩色画面改为黑白画面。

可以通过后期处理的方式，将彩色的照片修改为黑白照片，或是先将相机的照片风格改为单色再去拍摄，从而得到黑白画面的照片。

将相机设置为单色模式拍摄，可以直接得到黑白效果的照片。

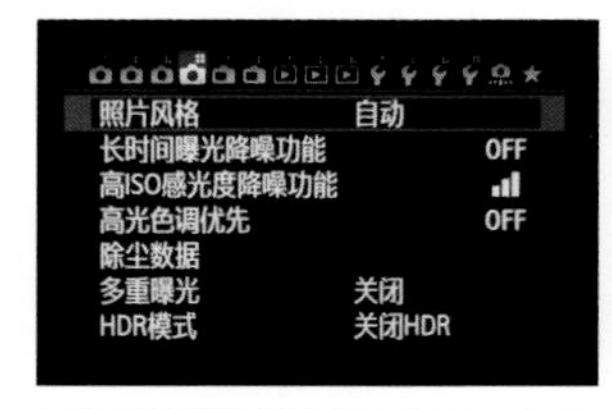

佳能相机中，单色的照片风格设置

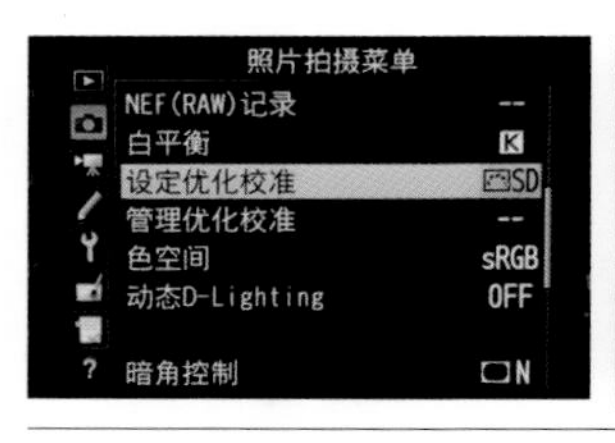

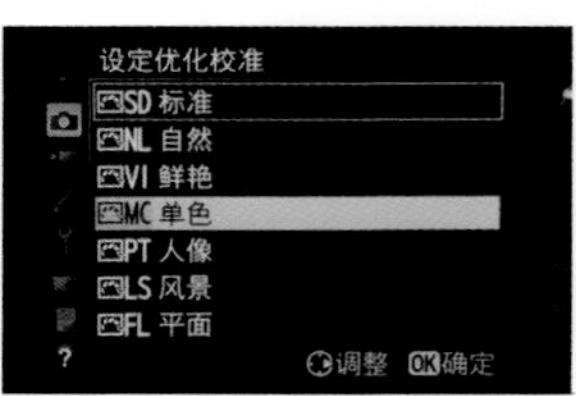

尼康相机中，单色的优化校准设置

200mm
f/3.2
1/800s
ISO 400

利用黑白影调拍摄动物的眼部特写，画面给人一种神秘感

400mm
f/8
1/400s
ISO 800

利用长焦镜头拍摄黑夜中的月亮，黑白影调将月亮展现得更加神秘、迷人

正常模式下拍摄的彩色照片

单色模式下拍摄的黑白照片

训练68　暖色调风格练习

暖色调，就是指画面中的色彩总体倾向为暖色系，这种色彩倾向会给人们视觉感官上带来温暖的感觉。常使用暖色调拍摄风光题材或人像题材的照片。

300mm
f/8
1/500s
ISO 200

太阳落山时的画面就是暖色调画面，往往会给人们带来温暖的感受

想要得到暖色调的画面，需要注意以下几点。

（1）拍摄场景的选择。

生活中暖色调的画面十分常见，一般由黄色、红色、橙红色等构成的色调就是暖色调，比如太阳落山时的颜色、秋天落叶的颜色以及室内暖色调的灯光等，这些景物都会给我们带来温暖的感觉。

（2）选择Raw格式存储照片文件，之后进行后期处理。

在拍摄时将存储格式设置为Raw格式，之后通过在计算机上进行后期处理，为画面增加一些暖色系颜色。

（3）设置相机色温得到暖色调画面。

想要得到暖色调画面，可以在拍摄前根据现场环境设置相机的色温，直接得到暖色调的画面。比如，将色温设置为5000K，这样也可以得到暖色调的画面。

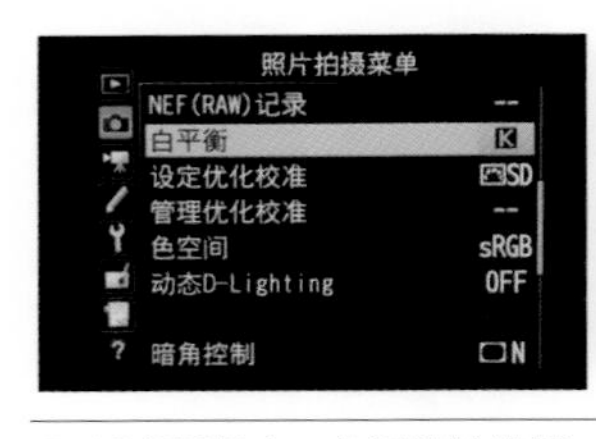

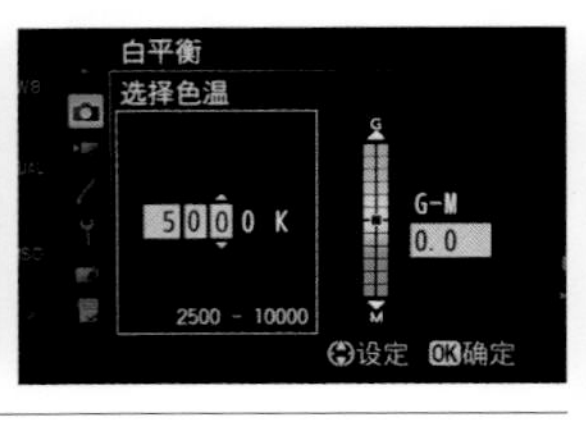

尼康相机中，色温值的设置

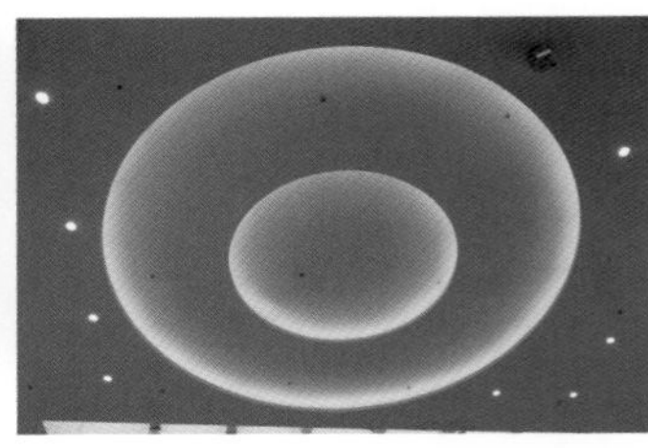

以5000K色温拍摄的画面

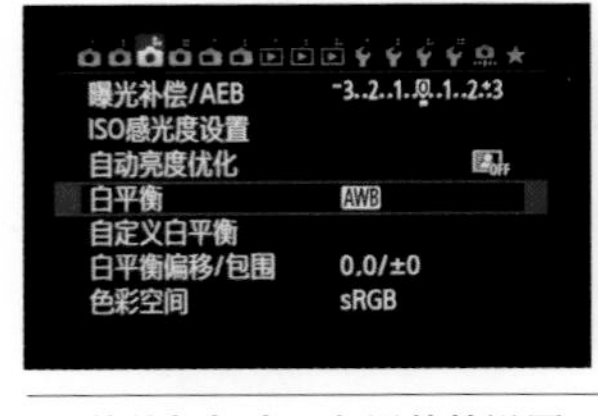

佳能相机中，色温值的设置

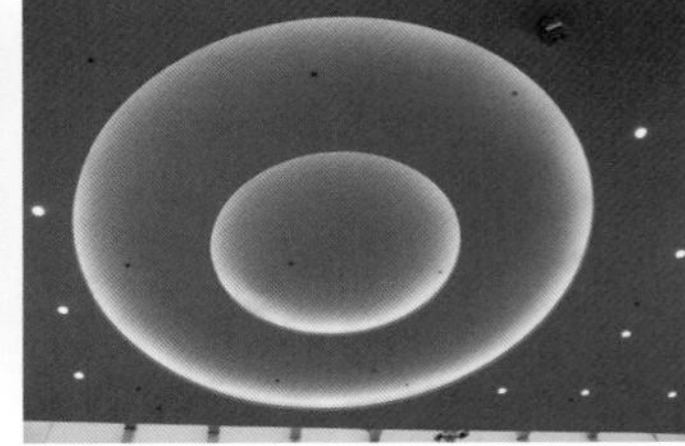

以2000K色温拍摄的画面

通过后期调整，也可以得到暖色调的画面

后期处理时，调整画面的色调

80mm
f/3.2
1/800s
ISO 200

利用暖色调画面拍摄奔跑的孩子，给人舒适、温馨的画面感

35mm
f/7.1
1/800s
ISO 200

秋天金黄的树叶形成的暖色调画面，给人带来温暖的感觉

训练69　冷色调风格练习

冷色调是相对于暖色调而言的，也是人们视觉感官上对颜色产生的一种冷暖感觉。与暖色调一样，一幅冷色调的画面，总体色彩会倾向于冷色系，这种色彩倾向会给视觉感官上带来寒冷的感觉，比如画面中带有以绿色、蓝色、紫色等颜色构成的色调。

180mm
f/6.5
1/10s
ISO 640

深蓝色的海水和灰棕色的岩石形成冷色调画面

想要得到冷色调画面，需要注意以下几点。

（1）拍摄场景的选择

平时生活中，冷色调的画面场景也是很容易拍摄到的，比如一望无际的海洋、晴空万里的蓝天、宁静的月夜等。冷色调构成的照片会给人凉爽、平静、安逸的感觉。

（2）选择Raw格式存储照片文件，之后进行后期处理。

在拍摄时将存储格式设置为Raw格式，之后通过在计算机上进行后期处理，为画面增加一些冷色系颜色。

（3）设置相机色温得到冷色调画面。

想要得到冷色调画面，也可以像拍摄暖色调画面一样，在拍摄前根据现场环境设置相机的色温。比如，将色温设置为2000K，这样也可以得到冷色调的画面。

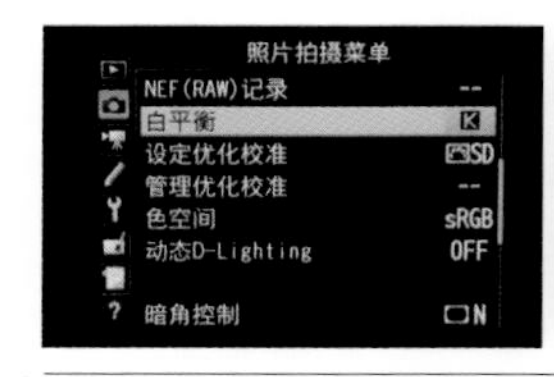

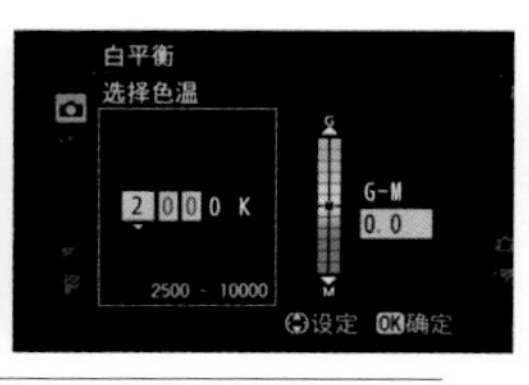

尼康相机中，色温值的设置

以4000K色温拍摄的画面

佳能相机中，色温值的设置

以2000K色温拍摄的画面

通过后期调整，也可以得到冷色调的画面

后期处理时，调整画面的色调

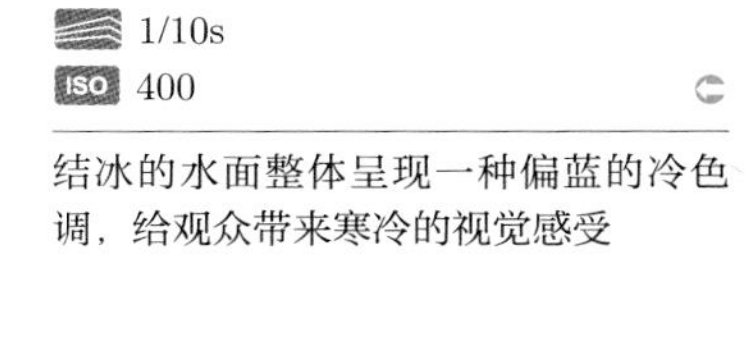

120mm
f/6.5
1/10s
ISO 400

结冰的水面整体呈现一种偏蓝的冷色调，给观众带来寒冷的视觉感受

24mm
f/8
1/80s
ISO 200

清晨时分，深蓝的天空和湖水形成了冷色调画面

训练70　协调色练习

协调色就是构成画面的每个元素都是比较统一的色彩，这种画面往往会给人们带来一种和谐、自然、均衡的感受，照片之中的颜色变化非常柔和。

18mm　f/8　1/600s　ISO 100

天空和海水是一种协调色的关系，画面自然、和谐

想要得到协调色的画面，需要注意以下几点。

（1）参考24色相环进行协调色的拍摄练习。

要得到由协调色构成的照片，可以参考24色相环。在24色相环上临近的颜色都属于协调色，比如与黄色相邻的颜色为泛红的黄和泛绿的黄，它们就互为协调色，再比如橙色与黄色之间的颜色，也可以称为协调色。

（2）选择协调色的拍摄主题。

在协调色的关系应用上，风光题材的照片算是比较多的。在实际拍摄时，可以将蓝色的天空搭配绿色的草原，将黄昏的天空搭配金黄的沙漠，或是将湖水与岸边的绿植相搭配，等等，这些都可以成为协调色的画面。

（3）避免太大反差的色彩出现。

在协调色的画面中，不同事物间色彩的过渡都非常柔和，要尽量避免有大面积的反差颜色出现，以免破坏画面的协调。比如，拍摄以黄、红、橙等协调色构成的画面时，就要尽量避免有大量的绿色元素出现。

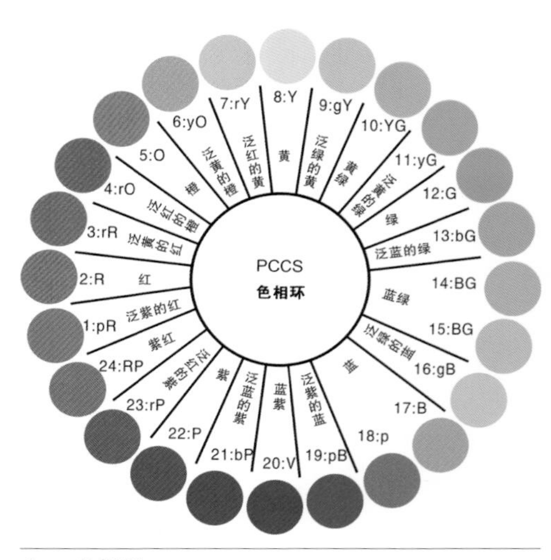

24色相环

20mm
f/7.1
1/80s
ISO 640

岩石、水面以及昏暗的天空构成了一幅协调色的画面

24mm
f/8
1/600s
ISO 200

大雪过后，天空和雪白的世界形成协调色的画面

16mm
f/7.1
1/800s
ISO 100

蓝色的天空和湖水以及岸边绿色的植被形成了协调色的画面

训练71　对比色练习

对比色是人的视觉感官对画面色彩所产生的一种生理现象，是视网膜对色彩的平衡作用，现实中的对比色也可以定义为可以明显区分的两种颜色。

在拍摄对比色画面时，可以按照景物间的冷暖对比、色相对比、纯度对比、明暗对比等进行拍摄练习。对比色可以增强照片中的对比效果，从而突出表现不同物体之间的差异。

冷暖对比的画面效果如下所示。

太阳落山时的暖色调，与冰层形成鲜明的冷暖对比效果

岸边金黄的树叶属于暖色调，与冷色调的湖水形成鲜明的冷暖对比效果

色相对比的画面效果如下所示。

田间黄、绿、红三种颜色，形成鲜明的色相对比关系

红色与黄色的郁金香形成了色相对比关系

明暗对比的画面效果如下所示。

明亮的花儿与纯黑色的背景形成了鲜明的明暗对比关系

动物明亮的头部与黑色背景形成了明暗对比关系

180mm f/5.6 1/400s ISO 100

大雪过后，红色的果实与白色的积雪形成鲜明的色彩对比关系，画面感十分吸引人

训练72　让色彩表现更为通透的练习

在拍摄照片时，很多人都遇到过画面不够通透、色彩不够鲜艳的问题，导致画面效果有些发污，不够吸引人。如果想避免这种情况发生，可以尝试一些拍摄技巧，让画面色彩更通透。

18mm
f/7.1
1/800s
ISO 200

在空气质量好的地方拍摄，可以得到非常通透的画面

让画面色彩表现更为透彻的方法非常灵活，主要有以下几点。

（1）选择空气好的时间拍摄。

如今空气污染是全球性的问题，在外出拍摄时，要留意好当天的空气质量，如果有雾霾等污染天气，空气中微小的颗粒物也会妨碍拍摄的画面效果，使画面色彩得不到真实的体现。最好选择天气晴朗的时间，比如大风过后或是雨雪下完以后进行拍摄。

（2）拍摄花卉时带上小喷壶。

如果是去拍摄花卉题材，可以带上一个小喷壶。拍摄前为花儿喷上一些水，可以使花儿色彩表现得更为通透，花儿上的水滴也可以增加画面的吸引力。

（3）通过后期处理软件提高色彩饱和度。

在拍摄照片之后，如果觉得画面色彩还是差强人意，可以利用后期处理的方式，提升画面的饱和度，也可以提高画面的锐度、清晰度，让画面效果更令人满意。

喷水之后再拍摄，花卉色彩更加鲜艳

小喷壶

通过后期增加画面的饱和度，使花儿色彩表现得更为鲜艳

后期处理时，调整画面色彩的饱和度

100mm
f/2.8
1/800s
ISO 100

拍摄郁金香时，为花儿喷一些水，可以使画面通透，花儿色彩更为鲜艳

第5部分

花卉题材训练

对初学摄影的人而言，花卉是非常不错的拍摄练习题材。在日常生活里，花卉随处可见，并且花卉本身色彩艳丽，造型优美。不过，要想把原本就很漂亮的花朵拍摄成精美的花卉摄影作品，还是需要掌握一定的拍摄技巧才行。本章就来做一些花卉题材的摄影训练。

训练73　使用手动对焦对花卉进行微距拍摄的练习

在使用微距镜头拍摄花卉时，由于拍摄距离较近以及景深极浅的原因，相机自动对焦系统的对焦效率和精准度会受到影响，所以要采用相机的手动对焦模式拍摄，通过转动镜头的对焦环对花卉进行精准对焦。

100mm
f/4
1/600s
ISO 200

用微距镜头拍摄的花卉画面，会呈现出人眼平时无法观察到的视角，非常迷人

在使用微距镜头拍摄花卉时，需要注意以下几点。

（1）将对焦模式改为手动对焦。

手动对焦可以由摄影师人为地控制对焦精准度。佳能相机的手动对焦模式很好设置，将镜头上的对焦选择杆拨动到MF位置即可；尼康相机除了将镜头上的对焦选择杆拨动到M位置，还要将机身上的对焦选择杆拨动到M位置。

（2）使用三脚架保持相机的绝对稳定。

使用微距镜头拍摄花卉时，由于花卉需要与微距镜头保持比较近的距离，并且景深范围很浅，即使相机有轻微的抖动都会造成对焦失误，而为相机装上三角架，可以避免这一问题。

（3）不要使用镜头的最大光圈拍摄。

微距镜头具有极浅的景深和极强的虚化效果，如果想要展现花卉更多细节，就要控制镜头的这种虚化功能。最好缩小一挡或两挡的光圈值，以便获得比较大的景深范围，因为微距镜头的最小光圈会使花卉的很多细节被虚化掉。

（4）使用相机的点测光模式拍摄。

拍摄微距时，可以将相机的测光模式设置为点测光。因为点测光的精度较高，不受测光区域以外的物体亮度的影响，所以可使花儿曝光更精准。

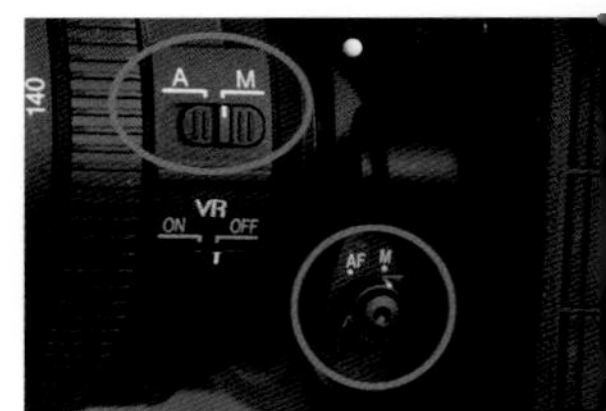

➲ 设置尼康相机的对焦模式时，需要将镜头上的对焦选择杆拨动到M位置，并且将机身上的对焦选择杆拨动到M位置

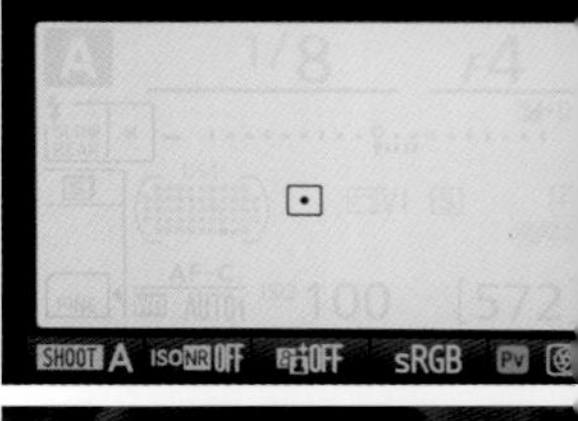

➲ 将尼康相机的测光模式设置为点测光

➲ 设置佳能相机的对焦模式时，需要将镜头上的对焦选择杆拨动到MF位置

➲ 将佳能相机的测光模式设置为点测光

尼康 AF-S VR ED 105mm f/2.8G（IF）镜头

佳能 EF 100mm f/2.8L IS USM 微距镜头

三脚架

旋转手动对焦环并观察对焦情况，待对焦准确后按下快门按钮拍摄

旋转手动对焦环并观察花卉在画面中的成像情况，等对焦准确后按下快门按钮拍摄

使用最大光圈拍摄，虚化效果太强，画面不理想

缩小一些光圈拍摄，可以得到更为清晰的画面

100mm
f/4
1/600s
ISO 100

利用微距镜头拍摄的荷花，呈现出的视角非常独特

100mm
f/5.6
1/600s
ISO 200

利用微距镜头拍摄的百日菊，呈现出的画面非常迷人

100mm
f/7.1
1/500s
ISO 400

微距镜头下的百日菊非常迷人，采蜜的蜂，增加了画面吸引力

100mm f/4 1/200s ISO 200

利用微距镜头拍摄刚刚出土的嫩芽，植物生机勃勃富有朝气的感觉，很迷人

训练74　花卉摄影中景深范围练习

拍摄花卉题材时，改变景深也是寻求不同画面效果的一种方式。通常，在拍摄单一花卉主体时，常会追求浅景深的效果，以便使主体更为突出，画面更加简洁。在拍摄多个花卉主体或是拍摄大面积花海时，常会使用大景深效果，让画面内容表现得更全面，空间感更强。

20mm
f/9
1/800s
ISO 200

拍摄向日葵的花海时，使用大景深可以增加画面的空间感

利用大景深表现花卉画面时，需要注意以下几点。

（1）设置较小的光圈值。

想要得到大景深的画面，首先一点就是要将光圈调小，在拍摄距离和主体位置不变的情况下，光圈值越小，得到的景深范围就会越大。例如，光圈 f/11 的景深范围就要比光圈 f/5.6 的要大。

（2）保证画面干净不杂乱。

大景深会让更多清晰的景物进入画面，这样很可能会使画面显得杂乱，因此在拍摄大景深画面时，需要在拍摄前先观察一下，避免杂乱无章的元素进入到画面。

（3）尝试不同拍摄角度。

拍摄花卉时，大景深通常是拍摄大面积花海时使用，可以选择一个较高的拍摄位置俯视拍摄花海。另外，也可以利用仰视角度拍摄大景深的花卉，把天空当作背景，这样的画面更为简洁，主体也能够得到突出呈现。

利用大景深拍摄花卉时，结合俯视角度拍摄，画面显得更为宽广

利用大景深拍摄花卉时，利用仰视角度将天空当作背景拍摄，花卉主体更加突出，背景也显得简单干净

160mm
f/4
1/800s
ISO 100

拍摄单一的花卉时，常使用小景深的效果让背景模糊，以突出花卉主体

拍摄花卉时，其实最常用到的景深范围还是小景深，而得到小景深的方法也不光有控制光圈大小而已，下面就介绍一下得到小景深画面的方法。

（1）使用大光圈拍摄。

在实际拍摄时，往往会有杂乱的事物进入画面，这时，可以利用大光圈将背景虚化掉。光圈越大获得的景深范围就越小，背景虚化效果越明显，因此，当需要虚化背景时，只需将镜头的光圈开到最大即可。一般来说，f/2.8、f/4的光圈就可以实现完美的虚化效果。

（2）选择镜头的长焦端拍摄。

拍摄花卉时，长焦镜头也能够起到虚化背景的作用，只要将变焦镜头转动到最长焦段进行拍摄即可。一般来说，200mm左右的焦距，就可以得到非常明显的背景虚化效果了。

（3）靠近主体拍摄。

如果镜头不具备较大的光圈和较长的焦段，那么在拍摄花卉时，也可以尝试调整拍摄距离来得到小景深的背景虚化效果。将相机贴近花朵并慢慢往后移动，直到显示屏显示可以成功对焦为止，此时的拍摄距离是既能让相机准确合焦又能让背景最虚化的距离。

（4）选择离主体较远的背景。

虚化背景的另一个有效办法是使主体远离背景，可以换个拍摄角度，以远处的植被或建筑物作为背景。因为主体与背景相距较远，所以背景虚化效果会更明显。

光圈为f/10时得到的景深效果

光圈为f/2.8时得到的景深效果

还可以通过改变镜头焦段，得到小景深的照片，焦段越长，得到的景深范围越小，虚化效果越明显。比如，使用佳能EF 70-300mm f/4-5.6L IS USM长变焦镜头或尼康的 AF-S 18-300mm f/3.5-6.3G ED VR变焦镜头时，便可以尝试200mm左右或是更长焦段去拍摄。

尼康AF-S 18-300mm f/3.5-6.3G ED VR变焦镜头

佳能EF 70-300mm f/4-5.6L IS USM长变焦镜头

焦段为200mm时得到的小景深效果

在相机光圈大小以及焦距不变的情况下，靠近花卉主体拍摄，也可以得到小景深的画面。拍摄时需要注意不同镜头的最近对焦距离，以避免无法正常合焦。

距离主体花卉较远时，虚化效果并不是太明显

靠近主体花卉拍摄，可以得到小景深画面，背景虚化更为强烈

另外，可以通过改变拍摄角度等方式，使主体远离背景，比如，将远处的植被或建筑物作为背景。主体与背景的距离越远，背景的虚化效果越明显。

由于花朵与背景中的山石距离较近，虽然使用f/4的大光圈，仍无法将背景完全虚化

选择与花卉相距较远的红色木质建筑为背景，由于两者距离较远，所呈现出的背景虚化效果更为明显

18mm

f/5

1/400s

ISO 200

拍摄大场景花卉时，大景深可以增加画面的空间感

180mm

f/4

1/600s

ISO 200

拍摄单一主体的花卉时，小景深可以使主体更加突出

200mm

f/5.6

1/400s

ISO 100

拍摄荷花时，小景深可以使荷花得到突出表现，杂乱的背景也可以得到优化

训练75　有露水的清晨或雨后拍摄花卉

要想得到更加迷人的花卉照片，可以选择在有露水的清晨或雨后去拍摄。那时的空气非常通透，花卉的质感和色彩也会有很好的体现，尤其是花卉上的露珠和雨水，会让画面显得非常迷人。

100mm
f/5.6
1/400s
ISO 200

选择在有露水的清晨拍摄，花卉上晶莹剔透的露珠，画面非常迷人

在有露水的清晨或雨后拍摄花卉时，需要注意以下几点。

（1）使用微距镜头手动对焦拍摄。

通常，落在花卉上的水珠都很微小，想要将它们展现在画面中，就要使用微距镜头拍摄，并使用手动对焦，将晶莹剔透的水珠表现得更为清晰。

（2）使用点测光拍摄。

点测光不受测光区域以外的物体亮度影响，在拍摄极小的微距影像时，能够让画面的曝光更为精准。

（3）景深的控制。

使用微距镜头拍摄时，要注意景深的控制，不要使用最大光圈拍摄，那样会导致画面虚化过度，花卉细节或水滴细节得不到突出体现。

（4）光线运用。

在拍摄有露珠的花卉时，最好选择在逆光或侧逆光的环境中拍摄，那样露珠会更加晶莹剔透。也可以选择顺光拍摄，在顺光环境下，露珠的细节可以得到充分体现。

尼康 AF-S VR ED 105mm f/2.8G（IF）镜头

佳能 EF 100mm f/2.8L IS USM 微距镜头

三脚架

在顺光环境下拍摄花卉上的露珠，露珠反映出虚化掉的花卉影子，画面很新颖，也很有趣

100mm

f/5.6

1/400s

ISO 200

在侧逆光环境下拍摄有露珠的花卉，露珠晶莹剔透，画面非常迷人

100mm

f/7.1

1/600s

ISO 100

在侧光环境下拍摄有露珠的花卉，搭配花卉上的小蜜蜂，画面非常生动

100mm

f/4

1/200s

ISO 200

雨停之后拍摄梅花，花卉上的雨水使其显得很新鲜

训练 76　结合蜜蜂等昆虫拍摄花卉

在拍摄花卉时，也可以等蜜蜂、蝴蝶这样的小昆虫落在花卉上时再进行拍摄，将这些美丽的昆虫与花卉构建在一起，会使画面显得更加自然、生动，增加画面的吸引力。

100mm
f/.6.5
1/800s
ISO 200

拍摄花卉时，将采蜜的蜜蜂也纳入画面，增加了画面的吸引力

在结合昆虫拍摄花卉照片时，需要注意以下几点。

（1）保证较高的快门速度。

像蝴蝶、蜜蜂这样的昆虫，移动和飞行速度都很快且难以预知，想要提高拍摄的成功率，一个比较高的快门速度是非常关键的。

（2）最好使用微距镜头拍摄。

通常，落在花瓣或花蕊中的昆虫体型非常小，因此想要得到更佳的拍摄效果，最好使用微距镜头拍摄。但拍摄时要注意，镜头不要离昆虫太近，以免打扰并吓跑它们。

（3）使用三脚架保持相机稳定。

想要提高拍摄的成功率，为相机加装三脚架是很有必要的，三脚架可以保证相机的稳定，以得到更为清晰的画面。

（4）要有耐心进行等待。

想要发现有昆虫的花卉并不是一件必然的事。在拍摄时要有足够的耐心，先观察周围的环境，选择有蜜蜂或蝴蝶等昆虫的花丛，并提前选好要拍摄的花朵做好拍摄准备。

没有昆虫的花卉画面

有昆虫的花卉画面

利用微距镜头，练习拍摄昆虫落在花卉上的画面。

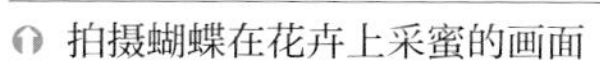

拍摄蝴蝶在花卉上采蜜的画面

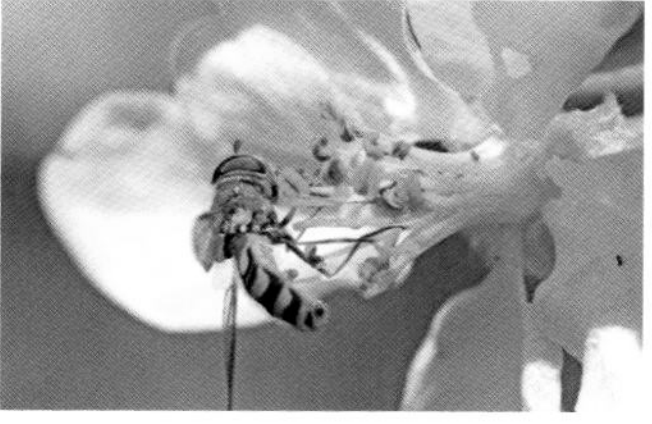

蜜蜂在花卉上采蜜的画面

蜻蜓停歇在花卉上的画面

100mm
f/5.6
1/1000s
ISO 100

采蜜的蜜蜂增加了照片的吸引力，让画面更加生动

100mm
f/5.6
1/800s
ISO 100

在微距镜头下，蜜蜂和花卉构成的画面很迷人

训练 77　同一花卉区域练习多种拍摄技法

在拍摄花卉的练习过程中，可以在同一拍摄地点多停留些时间，对同一画面进行不同拍摄技巧的练习。可以利用不同的构图方式拍摄，也可以通过改变相机设置，拍摄不同效果的花卉照片，或是利用不同光线效果拍摄相同的花卉等。总之一定要有耐心，不要匆忙的按几下快门按钮就离开，那样会错过很多精彩的画面。

在拍摄花卉题材时，可以针对同一花卉场景进行不同构图方式的练习，比如井字形构图、斜线构图、多点式构图，或者是通过俯视、平视、仰视等不同拍摄角度进行练习，等等。下面以郁金香和向日葵两个拍摄地点为例，为大家介绍一下。

（1）在同一场景内，进行横、竖画幅的拍摄练习。

使用横画幅拍摄郁金香

使用横画幅拍摄向日葵

使用竖画幅拍摄郁金香

使用竖画幅拍摄向日葵

（2）在同一场景内，进行井字形构图、斜线构图、中心点构图、开放式构图以及多点式构图的拍摄练习。

在相同地点，采用井字形构图拍摄郁金香

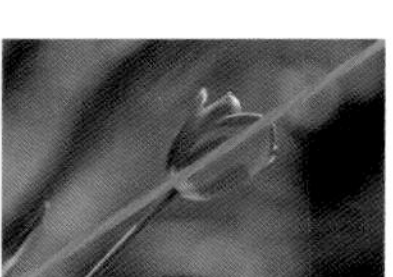

在相同地点，采用斜线构图拍摄郁金香

在相同地点，采用中心点构图拍摄郁金香

在相同地点，采用多点构图拍摄郁金香

在相同地点，采用井字形构图拍摄向日葵

在相同地点，采用斜线构图拍摄向日葵

在相同地点，采用中心点构图拍摄向日葵

在相同地点，采用多点构图拍摄向日葵

在相同地点，采用开放式构图拍摄郁金香

在相同地点，采用开放式构图拍摄向日葵

利用不同颜色的郁金香形成的色彩对比，进行构图拍摄

利用向日葵的黄色与叶子的绿色形成的颜色对比，进行构图拍摄

（3）在同一场景内，还可以进行不同拍摄角度的构图练习。

利用平视角度拍摄郁金香

利用仰视角度拍摄郁金香

利用俯视角度拍摄郁金香

利用平视角度拍摄向日葵

利用仰视角度拍摄向日葵

利用俯视角度拍摄向日葵

（4）在同一花卉地点拍摄时，还可以利用微距镜头和广角镜头进行不同效果的练习，也可以对相机机身进行一些其他设置，比如：将相机设置为不同的白平衡模式，将相机设置为单色效果，调整相机的测光点位置进行不同效果的拍摄，等等。

下面是在同一场景中，利用普通的变焦、微距及广角镜头拍摄的画面效果。

利用标准变焦镜头拍摄的郁金香画面

利用微距镜头拍摄郁金香花蕊的画面

利用广角镜头拍摄郁金香的大场景画面

利用标准变焦镜头拍摄的向日葵画面

利用微距镜头拍摄向日葵的画面

利用广角镜头拍摄向日葵的大场景画面

下面是在拍摄郁金香时，将相机的测光模式设置为点测光模式，通过对画面中不同的亮暗区域进行点测点，观察拍摄后产生的不同效果。

对亮度适中的主体花卉进行测光拍摄，得到的画面效果

对画面中最亮的区域进行测光拍摄，得到的画面效果

对画面中最暗的区域进行测光拍摄，得到的画面效果

在拍摄花卉时，还可以设置相机不同的白平衡来拍摄相同的场景，同时观察得到的画面效果。

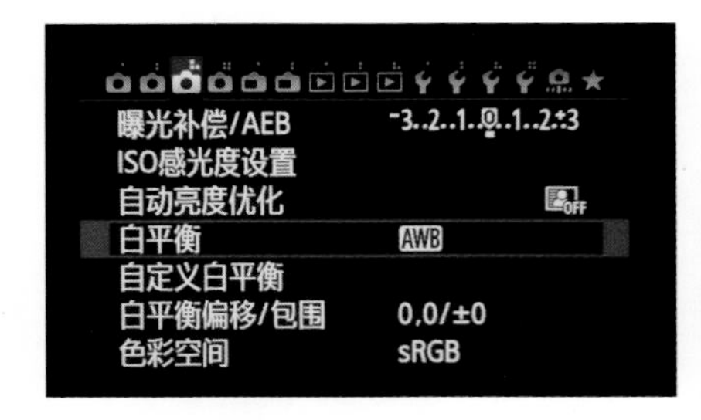

在佳能相机中，设置不同的白平衡进行拍摄练习

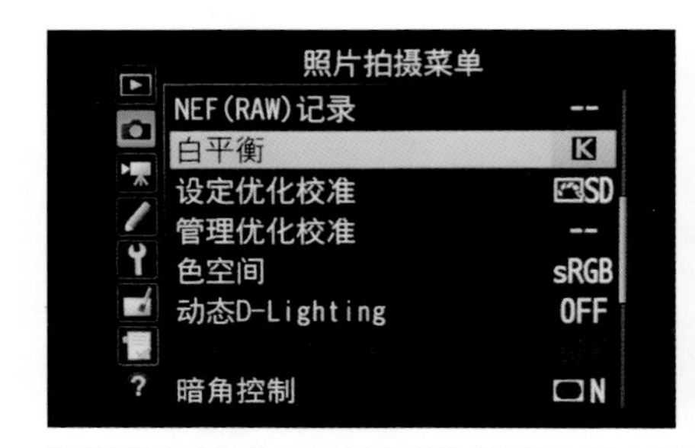

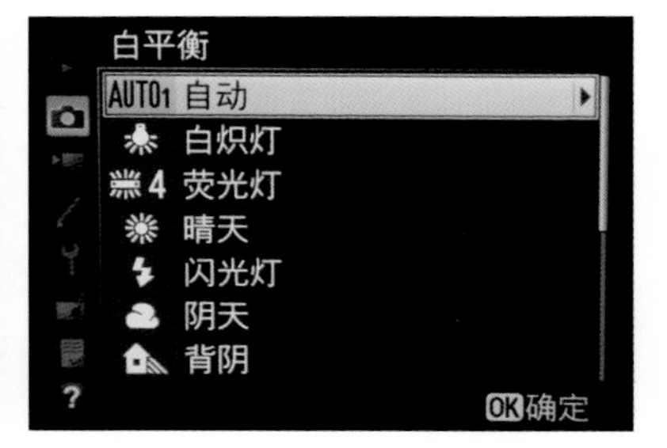

在尼康相机中，设置不同的白平衡进行拍摄练习

设置为自动白平衡时拍摄的郁金香

设置为日光白平衡时拍摄的郁金香

设置为荧光灯白平衡时拍摄的郁金香

设置不同的照片风格进行拍摄练习，比如变化效果比较明显的单色风格。单色可以在佳能相机中的照片风格中找到，在尼康相机中的设定优化校准中找到。

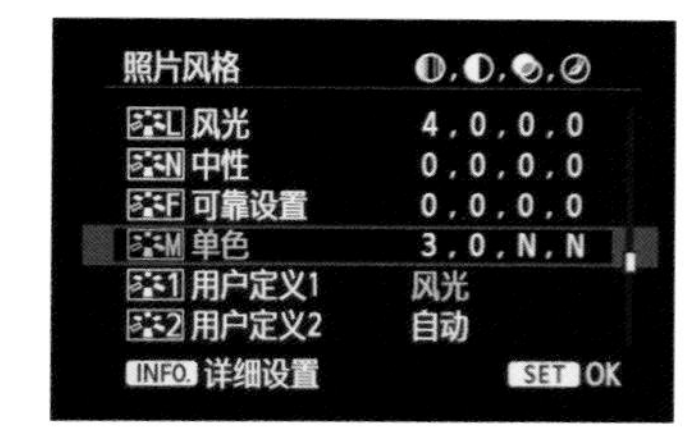

在佳能相机的照片风格中，找到“单色”

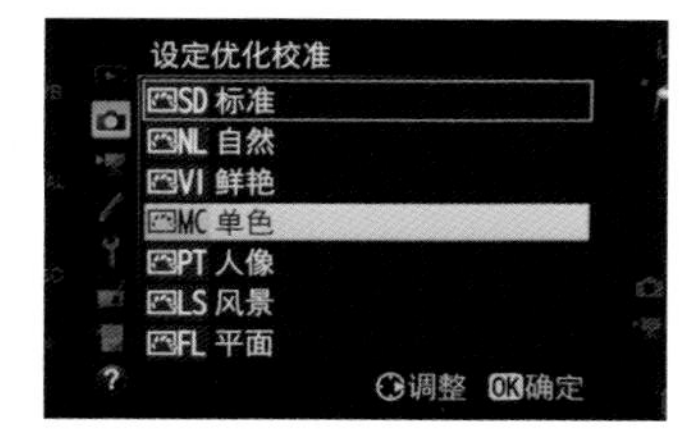

在尼康相机的设定优化校准中，找到“单色”

单色风格呈现的郁金香效果

（5）在拍摄同一场景的花卉时，也可以通过变化不同的拍摄位置，利用顺光、逆光、侧光等不同的光位，得到不同画面效果的照片。

利用顺光拍摄，可以让向日葵的色彩得到很好的体现

利用侧光拍摄，向日葵会产生明显的亮暗区域，增加了画面的立体感

利用逆光拍摄向日葵，并用向日葵挡住太阳对其测光，可以得到清新明亮的画面

利用顺光拍摄，可以让郁金香的色彩得到很好的体现

利用侧光拍摄，郁金香会产生明显的亮暗区域，增加了画面的立体感

利用逆光拍摄郁金香，并用郁金香挡住太阳，可以得到清新明亮的画面

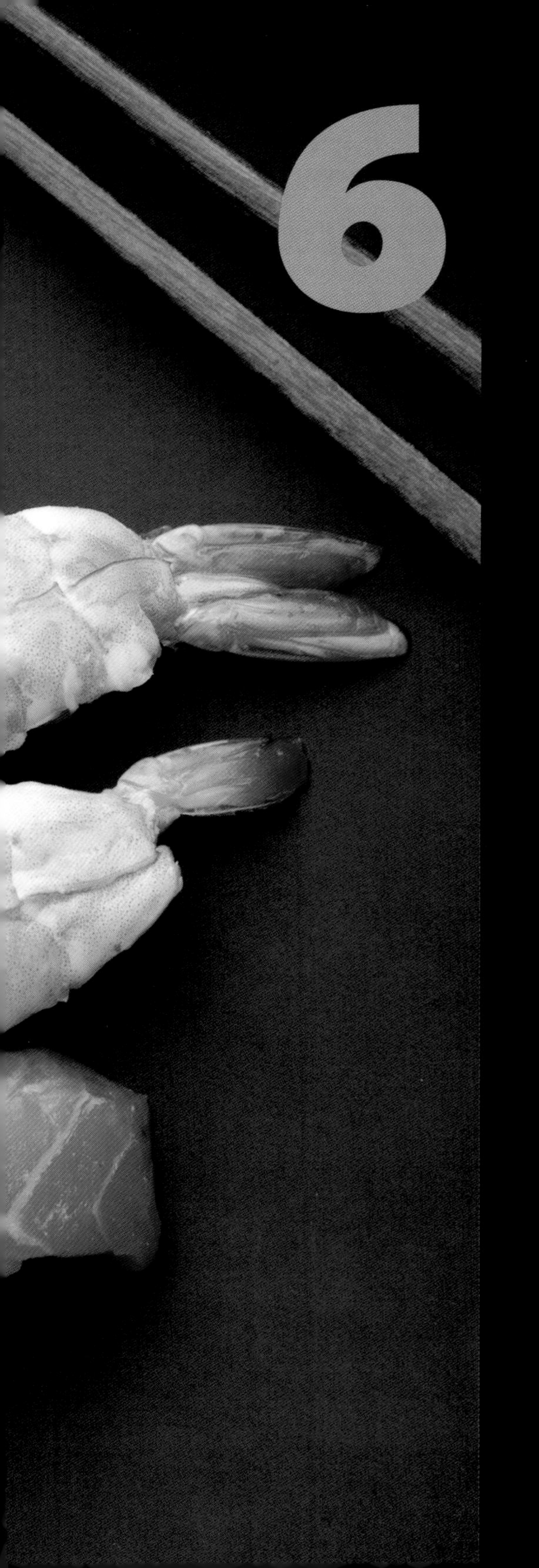

第6部分
静物题材训练

摄影之中，不可缺失的一大题材便是静物摄影。对于多数摄影爱好者或非摄影爱好者来说，都会不经意地接触到静物摄影，比如外出就餐时，拍摄美食。

本章就从经常接触的题材——静物摄影入手进行拍摄练习。

训练78　静物拍摄中的用光练习

通常情况下，静物拍摄多是在影棚内完成的，为了使静物主体得到最大程度的美化，可以在用光方面进行诸多尝试与练习。

因此，在拍摄静物时，需要了解以下几点用光技巧。

（1）用光角度。

在了解用光技巧之前，需要先来了解用光角度，也就是常说的逆光、顺光、侧光等。静物摄影中，对用光角度区分较为详细，其包括正面光、顶光、左右侧光、左右斜侧光、逆光、左右逆侧光。

（2）主光与辅光。

所谓主光，就是指布光时，重点布光的那一个光源。辅光是补充光照射不到的拍摄对象其他面的光种，以弥补光照的不足，起辅助作用，须配合主光使用，所以又被称为副光。

辅光一般用来平衡拍摄对象明暗两面的亮度差，主要体现在对场景中阴影细节进行补光，调节画面的光比。

需要注意的是，辅光的强度应该小于主光的强度。应避免辅光强于主光，导致喧宾夺主，也要避免在拍摄对象上出现明显的辅光投影，即“夹光”现象。

100mm
f/4
1/400s
ISO 400

借助侧逆光拍摄，美食主体的立体感增强

顺光示意图

顺光，又可称之为正面光，此时，相机拍摄方向与光线照射方向平行，也就是，光线从相机后面射来。所拍摄的对象，其面对相机的部分被光线照到，这也就使得照片画面缺乏层次感。

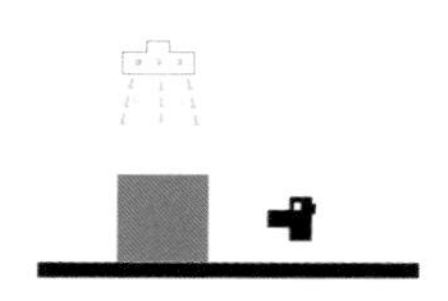

顶光示意图

顶光，顾名思义，就是来自于拍摄对象顶部的光线，与景物、照相机成90° 左右的垂直角度。

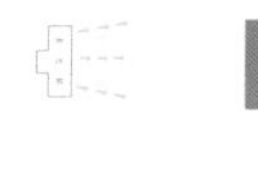

左、右侧光示意图

侧光，即光线自拍摄对象左侧或右侧而来，同景物、相机成90° 左右的水平角度。这种光线能产生明显的强烈对比。

在此角度拍摄，照片中的影子修长且富有表现力，表面结构也非常明显，尤其是拍摄对象上细小的隆起都会呈现出明显的阴影。因此，借助测光角度拍摄常运用在造型方面。

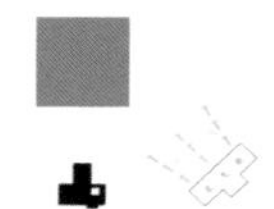

左、右斜侧光示意图

所谓斜侧光，简单来说，就是指在顺光方向与侧光方向之间的光线。在拍摄中，可以根据实际需要选择适合角度的斜侧光，为拍摄场景进行布光。

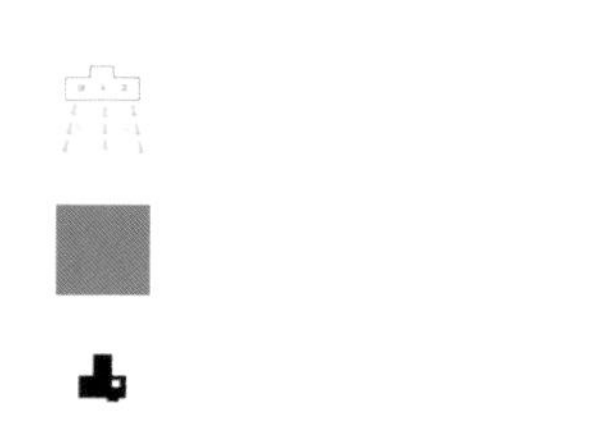

逆光示意图

逆光，是指拍摄对象处于光源和相机之间，并且三者处于同一直线。此时拍摄的照片，常出现主体正面曝光不足，甚至只剩下剪影效果。

一般情况下，都会避免选用逆光进行拍摄。但是，不可忽视的是，选用逆光布光的方法，可以为画面增添更浓的艺术效果。

另外，逆光拍摄时，拍摄对象的轮廓可以得到较为明显、细致的刻画。

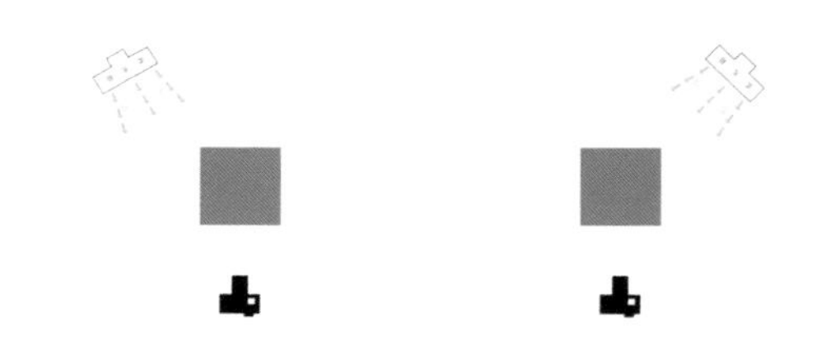

左、右侧逆光示意图

与斜侧光相似，侧逆光是处于逆光方向与侧光方向之间的光线。

选用该种布光方法，照片中拍摄对象左前方或右前方会形成长长的影子。另外，拍摄对象侧面被光线照射，有利于造型及层次感的表现。

训练79 利用白背景勾黑边拍摄透明物体

所谓白背景勾黑边，简单理解，就是在拍摄透明的静物主体时，选择白色背景布等作为背景，并且利用布光，将玻璃边缘拍摄出黑边效果。拍摄此类效果照片的原理是，利用灯具照亮物体背景光线所产生的折射效果。

使用白色背景并借助适合的布光方法，拍摄透明主体，可以营造白背景黑边的效果

在拍摄此类效果静物作品时，需要注意以下几点。

（1）此类方法主要用于拍摄透明静物主体。

通常，在使用白背景勾黑边的方法拍摄时，多会拍摄那些透明的静物主体，使其主体内部区域呈现出白色透明效果，从而使黑边更为突出。

（2）背景多选用白色或浅色。

因为要营造黑边的效果，多会将拍摄对象放置在一个较亮较白的背景下，从而使黑边效果更加明显。

（3）影棚内拍摄时，需要准备适合的灯具。

具体拍摄时，将透明物体放在浅色背景前方足够的距离上，背景用一盏聚光灯的圆形光束来照明。需要注意的是，光束不能直接照射到拍摄对象上，而需要背景反射的光线穿过透明物体，在物体的边缘通过折射形成黑色轮廓线条。摄影师可以通过改变聚光的强度与直径来得到不一样的效果，光束的强度越强，直径越小，画面的整体反差就越强烈，黑边就越浓重。

静物台上可以作为背景的白色亚克力板

影楼中会用到的灯具

100mm
f/8
1/400s
ISO 100

拍摄鱼缸时，借助白背景勾黑边的方法，使鱼缸看起来更为简约

200mm
f/10
1/200s
ISO 100

拍摄高脚杯时，可以借助白背景勾黑边的方法，表现出高脚杯的独特外形

训练80 利用黑背景勾白边拍摄透明物体

所谓黑背景勾白边，从直观效果来看，其恰恰与白背景勾黑边相反，静物主体边缘呈现出白色的亮边，多为黑色等深色背景。其用光原理主要是利用光线在物体光滑表面产生的反射现象。

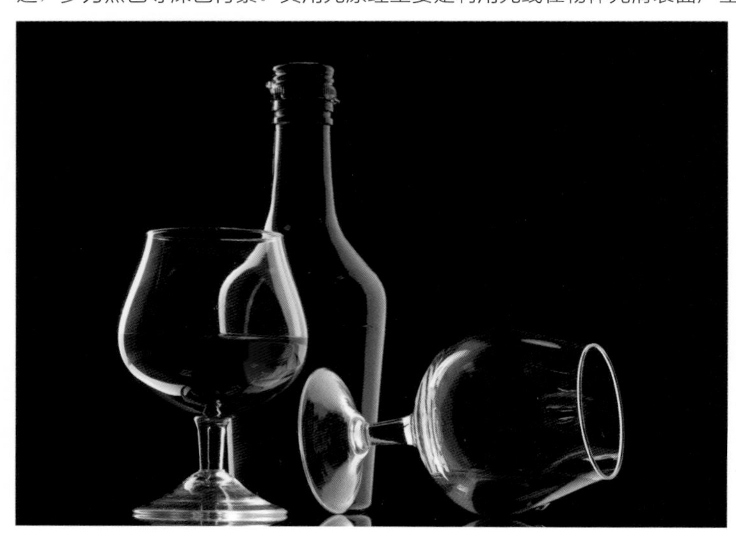

100mm
f/18
1/180s
ISO 100

拍摄玻璃器皿时，还可以使用黑背景勾白边的方法，表现其轮廓

在拍摄此类效果静物作品时，需要注意以下几点。

（1）多选择黑色或深色背景。

之所以选择黑背景，主要是在拍摄时，需要用黑背景或其他深色背景与白边形成对比，使画面中白边更为清晰突出。

（2）静物主体表面多光滑。

使用此方法拍摄时，多会选择表面光滑的静物主体，这样，静物主体便可以很好地反射灯具照射来的光线，从而在画面中形成清晰明亮的白边。

此外，还需要注意静物主体外表干净，避免表面污渍影响整体效果。

（3）拍摄技巧。

具体拍摄时，通常会将主体放在距深色背景较远的地方，且在主体后方放置两只散射光源，由两侧的侧逆光照明主体，使主体的边缘产生反光。这样放置有利于美化厚实的透明物体，不过具体白边的多少很难一次到位，需要不断地进行调试才能达到预期的效果。

采用普通方法拍摄玻璃杯，画面效果直白单调

采用黑背景勾白边的方法，画面艺术效果明显增强

100mm f/18 1/180s ISO 100

在拍摄表面光滑的瓷器时，也可以使用黑背景勾白边的方法，突出表现主体外形轮廓

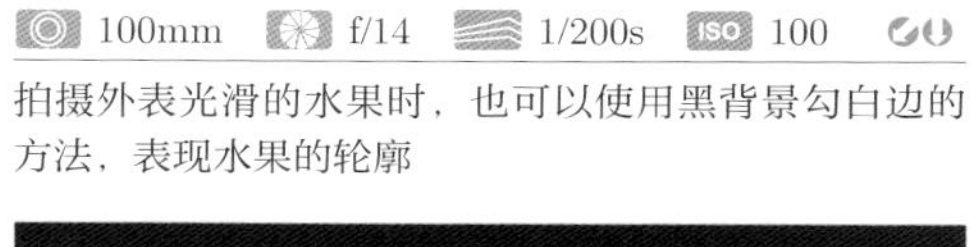

100mm f/14 1/200s ISO 100

拍摄外表光滑的水果时，也可以使用黑背景勾白边的方法，表现水果的轮廓

训练81　给透明物体中加入液体拍摄练习

静物摄影中，最为常见的透明主体多是一些玻璃器皿，为了使这些色彩单调的器皿显得有趣，可以在拍摄时，为主体内部加入液体，增加照片趣味性。另外，在液体与光线的影响下，照片立体感也会随之增强。

100mm
f/3.2
1/200s
ISO 100

拍摄酒杯时，可以拍摄杯中装有酒水冰块的画面

在透明主体内加入液体时，为了使作品效果更精彩，可以多注意以下几点。

（1）添加有色彩的液体。

在拍摄透明主体时，加入一些有颜色的液体，这样使画面中的色彩不会那么单调。

（2）拍摄液体注入杯中的瞬间。

拍摄这些透明主体时，可以拍摄注入液体的一刻，抓拍水花溅起的动态瞬间，使照片更显精彩。

（3）为加有液体的透明主体布景。

另外，在拍摄这些装有液体的透明主体时，为了营造氛围感，可以为拍摄对象布景，以增强照片的生活气息。

没有装液体的酒杯，立体感较弱

装有液体的酒杯，立体感也随之增强

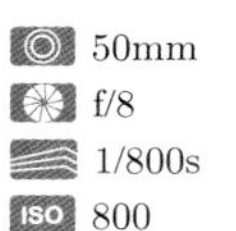

50mm f/8 1/800s ISO 800

向玻璃杯中注入液体，画面层次增加，立体感增强

50mm f/3.2 1/400s ISO 200

在玻璃杯中注入液体，并为其布景，画面的生活气息增强

100mm f/8 1/1000s ISO 100

拍摄高脚杯时，可以拍摄向杯中倒入液体的一瞬间，杯中的液体分子相互撞击，画面动感增强

训练82　选择色彩艳丽的美食进行拍摄练习

静物摄影中，除了拍摄那些体型较小、色彩生硬的器皿、工艺品外，还可以拍摄色彩鲜活艳丽的食物，比如火红的辣椒、色彩艳丽的水果等。

50mm
f/2
1/400s
ISO 400

可以选择色彩艳丽的食材进行拍摄

在拍摄色彩艳丽的主体时，需要注意以下几点。

（1）静物主体色彩搭配。

在拍摄前需要了解一些有关色彩的知识，比如对比色，互补色等，根据主体色彩进行选取，以确保画面中的色彩有所主次。

（2）背景色彩及质地的选择。

通常，为了避免主体色彩孤立单调，在拍摄时，还可以选择一些与主体色彩相协调的背景，比如拍摄装在碗中的多彩食材时，可以选择质感强烈的木板作为背景。

拍摄色彩平淡的食物，照片整体色彩不够艳丽

为画面中添加一些多彩食材，照片颜色艳丽诱人

100mm　f/8　1/200s　ISO 800

在实际拍摄中，可以选择一些色彩对比突出的水果，将其混合在一起进行拍摄

100mm　f/3.2　1/400s　ISO 800

拍摄色彩艳丽的水果时，可以选择纹理明显的木板作为背景，从而使画面更具韵味

50mm　f/2.8　1/500s　ISO 640

选择一些颜色和谐的水果进行拍摄，画面更显清新艳丽

训练83　美食拍摄布景练习

拍摄美食时，除了对其色彩进行把控以外，还可以将场景进行一番布置，从而使画面更有节奏感，氛围感也会随之增强。

100mm
f/8
1/400s
ISO 100

拍摄寿司时，将其依次摆放，然后进行拍摄，照片更具节奏感

通常，美食布景，多会从以下几个方面着手。

（1）造型。

这里所说的造型，既包括单个美食的自身造型，也包括多样美食拼凑出来的造型。在实际拍摄中，可以根据美食自身外形特点，为其进行布置，并且在取景时，最大程度凸显其独特造型，从而使照片更为精彩。

（2）布景、背景的选择。

美食摄影中，既可以选择纯色背景，利用简约的方法表现美食本身特色，也可以将美食放置在餐桌上，与其他美食置于一起，借助美食作品表现浓浓的生活气息。

（3）构图方法的运用。

在拍摄美食时，根据美食自身特点或者盛放美食的餐具特点，选择合适的构图方法，可以增强画面韵律感。比如，在拍摄多块寿司时，选择斜线构图或对角线构图；在拍摄一些圆盘或砂锅里的美食时，选择中心构图的方法。

未经过精心布景，照片拘谨，画面平淡

采用斜线构图，美食作品显得和谐诱人

100mm
f/8
1/200s
ISO 100

拍摄水果时，可以对水果进行加工，使其造型看起来更加精彩

50mm
f/2.2
1/400s
ISO 800

拍摄美食时，可以将其与其他美食放在一起，并将其他美食作为陪体进行拍摄

100mm
f/2.8
1/400s
ISO 100

使用对角线构图拍摄美食，照片趣味感增强

训练84　美食拍摄用光练习

美食摄影中，除了造型、布景、色彩以外，光线的运用也是极其重要的。甚至有些时候，光线运用的好坏，直接影响照片的成败。

200mm
f/18
1/200s
ISO 100

在拍摄美食作品时，可以使用低调效果进行表现

美食摄影中，利用光线为美食造型，需要注意以下几点。

（1）了解最为基本的用光技巧。

与其他静物摄影相同，在拍摄之前需要确定光线方向，选择使用侧逆光拍摄，还是使用顺光拍摄。

（2）熟练掌握主光与辅助光。

美食拍摄中，很少出现只使用一个光源进行拍摄的情况，为了避免美食主体上出现阴影，多选择主光与辅助光同时进行的拍摄方法。

此外，还可以使用反光板作为辅助光，以避免美食主体阴影的出现。

普通光源下，照片中的光影关系不明显，画面略显平淡

通过巧妙布光，照片色彩更为艳丽，美食显得更为诱人

50mm
f/8
1/400s
ISO 100

顶视拍摄美食时，可以将灯光放在美食正上方，采用顺光拍摄，美食照片更显柔和诱人

100mm
f/3.2
1/800s
ISO 400

利用侧逆光进行拍摄，并在美食侧前方进行辅助布光，照片中的美食立体感增强

100mm
f/8
1/200s
ISO 100

利用侧光进行拍摄，美食质感更为强烈，照片更加精彩

训练85 静物拍摄中的布景练习

静物摄影中，有很多题材，这里主要针对瓷器进行布景练习。

100mm
f/8
1/800s
ISO 100

拍摄瓷器时，可以拍摄注入液体，溅起水花的瞬间

与其他静物相比，瓷器有着其本身的特点，主要体现在它的表面一般会上一层釉，质感细腻光滑；与玻璃不同，瓷器是不透明的，光线无法直接透过。因此，在拍摄瓷器时，除了光线以外，还需要注意以下几点。

（1）选择适合的拍摄角度。

通常情况下，在拍摄瓷器时，会根据瓷器的形状，选择适合的拍摄角度。这主要包括平视拍摄、俯视拍摄以及顶视拍摄。在实际拍摄中，可以多加练习，选择最佳拍摄角度。

（2）背景选择。

与透明主体不同的是，在为瓷器选择纯色背景时，多选择与瓷器本身色彩相呼应的色彩背景，比如在拍摄白色瓷器时多选择白色背景；拍摄青色瓷器时，多选择亚麻色背景，等等。除此之外，还可以选择餐厅等现实场景，对瓷器进行拍摄。

（3）拍摄注有液体的瓷器。

当然，拍摄注有液体的瓷器也是常使用的布景。

顶视拍摄瓷器

平视拍摄瓷器

200mm
f/2.8
1/800s
ISO 200

拍摄瓷器时，同样可以利用侧光进行表现

50mm f/2 1/400s ISO 200

可以选择在餐厅，借助周围环境对瓷器进行拍摄

100mm f/8 1/200s ISO 100

将瓷器简单地进行摆放，制造出个性的造型，然后再拍摄

训练86　珠宝等静物造型练习

静物拍摄中，较为常见的拍摄题材之一是珠宝类。

100mm
f/18
1/200s
ISO 100

拍摄耳环时，可以使用高调效果表现珠宝的质地和色泽

从珠宝的材质和造型来看，最为重要的就是造型。下面就根据珠宝的造型特点介绍珠宝的拍摄技巧。

（1）根据其外形，进行简单布置造型，并选择适合的构图方法。

（2）让模特佩戴上珠宝，结合模特身体局部进行拍摄。

在拍摄戒指时，可以让模特将戒指戴在手上，结合其手部的摆姿一起拍摄

拍摄一些造型独特的珠宝时，可以将其适当布置，并利用反光与倒影一起进行拍摄

50mm　f/8　1/500s　ISO 400

拍摄民族风项链时，可以让模特带上项链，并以亚麻材质的衣服作为背景来表现

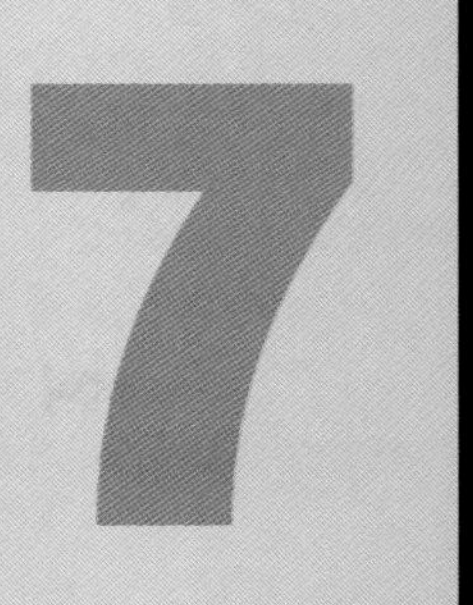

第7部分

美女、儿童题材训练

对于很多摄影爱好者来说，摄影生涯始于对人像摄影的钟爱，比如父母学习摄影是为了用摄影的方式记录孩子的成长过程。人像题材在整个摄影题材中尤为重要，初学人像摄影时，可以从这些较为经典的拍摄技巧入手，逐步深入，从而提高自身拍摄水平。

本章就来一起了解人像摄影中美女、儿童的拍摄技巧。

训练 87　多与模特交流

美女及儿童摄影中，摄影师首先需要做好的便是与模特达成良好的沟通与交流。只有这样，才能更为高效、成功地进行拍摄。

200mm
f/2.8
1/800s
ISO 200

在拍摄模特之前，多与模特交流，可以跟着感觉走，拍摄她们最为自然本性的一面

在与模特交流的过程中，作为摄影师，应该注意以下几点。

（1）拍摄之前的沟通。

简单来说，在拍摄之前，摄影师应该先熟悉模特，了解模特的外形特点，并根据其特点制定较有针对性的拍摄规划。在拍摄之前与模特进行良好的沟通，与模特相互熟悉，以使之后的拍摄中，模特与摄影师配合更为顺利。另外，在前期对模特有一定了解之后，可以根据模特性格特点、喜好等，规划最适合模特的拍摄风格。

（2）拍摄过程中的沟通。

与模特进行交流，最为直接的目的便是保证拍摄圆满进行。因此，在拍摄中摄影师也需要多多与模特交流，这一阶段的交流，内容主要侧重在摄影师表述自己的拍摄思路，指引模特进入拍摄氛围。

需要注意的是，在与模特的交流中，摄影师应该尽可能清晰地表现自己的拍摄思路、创意点，并对模特做好引导。另外，拍摄时彼此之间的合作，要做到相互尊重。

在实际拍摄中，多与模特交流，模特会更为自然，这就避免了模特因拘谨紧张而导致的表情生硬

100mm f/18 1/200s ISO 100

多与模特交流，可以增加拍摄成功率，拍摄过程也会变得更加快乐

训练88　不同器材拍摄效果的练习

这里所说的器材主要是指镜头。在美女儿童摄影中，对于镜头焦段，并没有多么苛刻的要求，也就是说，在拍摄美女儿童时，无论选择何种焦段的镜头，都可以进行拍摄。

35mm
f/5.6
1/800s
ISO 100

拍摄人像时，可以选择广角镜头贴近模特拍摄她们张开手臂的瞬间，从而增加画面的视觉冲击力

当然，所谓的都可以进行拍摄，也是有所不同的。实际拍摄中，应该根据镜头不同焦段所能拍摄出的实际效果，巧妙取景构图。比如，使用微距镜头拍摄人像面部细节等。

因此，在美女儿童摄影中，在选择镜头方面时，需要注意以下几点。

（1）广角镜头拍摄人像。

广角镜头，其自身特点可以更好地突出场景中的透视效果，尤其是贴近主体拍摄时，会使主体出现夸张畸变效果。使用此类镜头拍摄人像时，多是为了造成人像一定的变形，从而增强画面趣味性。

（2）标准镜头拍摄人像。

标准镜头，最为接近人眼的视角范围，因此，使用标准镜头拍摄的人像作品，会使人感觉更为亲切。

（3）长焦镜头拍摄人像。

长焦镜头具有压缩景深的效果，因此，使用长焦镜头进行拍摄时，可以一定程度虚化背景与前景，突出主体。长焦镜头视角范围较小，这就使得画面场景紧凑，从而使画面整体更为简洁。

另外，拍摄人像特写作品时，还可以选择微距镜头进行拍摄。

广角镜头

标准镜头

长焦镜头

50mm
f/7.1
1/200s
ISO 100

使用标准镜头拍摄儿童，画面给人感觉更为亲切（王庆飞 摄）

100mm
f/8
1/400s
ISO 100

拍摄人像面部特写时，比如眼睛，可以选择微距镜头进行表现

200mm
f/2.8
1/640s
ISO 100

在室外拍摄儿童作品时，为获得更为简化、唯美的画面效果，选择长焦镜头进行表现（王庆飞 摄）

训练89　美女、儿童摄影中构图的练习

人像摄影中，构图的好坏直接影响着作品的好坏。因此，在学习人像摄影的过程中，还需多多了解人像摄影中的构图技巧。下面将从构图意图、常见构图方法、拍摄角度、模特摆姿、手的摆放、景别等方面介绍这些构图知识。

200mm
f/2.8
1/800s
ISO 200

拍摄人像时，站在高处俯视拍摄是经常会使用的拍摄角度

学习构图知识，对拍摄中的取景有一定的指导作用，在利用构图技巧的基础上，可以使照片主体突出，照片也会更精彩。

从视觉习惯来说，主体位于画面黄金分割位置以及其附近时，照片给观众的感觉更为协调、舒服。这就是人们常说的黄金分割法构图。将这一构图方法进行延伸，又出现了很多较为经典的构图方法，比如三分法。

构图的目的，主要是为了突出主体，优化画面。直白地讲，构图，就是处理画面中主体与陪体之间的关系，既保证主体突出，又要使陪体优化，不会影响到主体。在人像摄影之中，构图就是处理人像主体与周围景物之间的关系。

因此，简单来说，人像摄影构图过程就是在拍摄时，摄影师先确定画面的主体，观察主体周围景物，然后选择最佳突出主体的方法。

人像主体处在画面中央位置，从视觉习惯来说，画面给人有点突兀的感觉

将人像主体向右移，放在画面黄金分割位置，照片更显和谐、舒服

50mm
f/2
1/200s
ISO 400

拍摄人像时，若是背景较为杂乱，可以选择用大光圈虚化背景，使画面虚实结合，突出主体

200mm
f/2.8
1/500s
ISO 100

拍摄人像时，为使画面更为亲切生动，很多时候选择平视角度进行拍摄

100mm
f/8
1/200s
ISO 100

为使画面主体更为突出，可以使用明暗对比或者低调摄影的方法进行构图拍摄

1. 常用构图方法练习

对于初学者来说，学习经典构图法，是学习构图，提升自身拍摄水平最为快捷的方法。在摄影学习过程中，可以将这些较为常用且容易出效果的构图法作为切入点，逐步提升自身拍摄水平。

70mm
f/8
1/800s
ISO 100

拍摄人像时，使用斜线构图的方法，画面会更显灵活生动

与其他题材相同，人像摄影发展至今，有着如下一些较为经典的构图方法。

（1）三分法。

三分法，简单来说是将画面横分或者竖分为三份，将人像主体放在画面三分之一的位置，从而使画面主体更为突出。另外，在突出人物主体的眼睛时，还可以将其眼睛放在画面三分之一处。

（2）对角线构图。

对角线构图，可以更大程度地利用画面空间，与横平竖直的构图相比，对角线构图及斜线构图，可为画面增添更多的动感与活力。

（3）三角形构图。三角形构图也是人像摄影中常用的构图方法，实际拍摄中，可以通过让模特摆姿来构建虚拟三角形。

（4）S形曲线构图。拍摄人像模特时，可以借助S形曲线构图方法，表现模特身材。

除以上常见构图方法外，在拍摄中还可以打破既有模式，进行一些创新性的构图实践，从而提升自己的拍摄水平。

使用三分法构图拍摄人像，将人像放在画面三分之一处，照片更显和谐、舒服

三分法示意图

在拍摄美女人像时，可以让模特将手臂弯曲形成三角形，形成三角形构图，从而使画面更显稳定

三角形构图示意图

拍摄美女躺姿人像时，使用对角线构图，可使人像身形更显修长，画面也更具活力

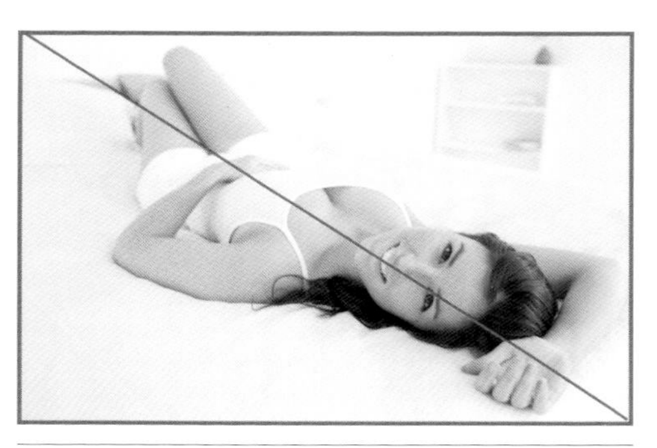

对角线构图示意图

拍摄人像时，将人物眼睛放在画面三分之一处，可使眼睛更为突出（王庆飞 摄）

三分法示意图

2. 拍摄角度练习

拍摄人像题材时，选用不同的拍摄角度，也会获得不一样的画面效果。实际拍摄时，摄影师可以根据模特以及场景的特点，选择适合的拍摄角度进行拍摄。

35mm f/2 1/500s ISO 100

拍摄美女人像时，仰视是不错的拍摄角度

在人像摄影中，所涉及到的拍摄角度，除了俯视、仰视、平视以外，还有人像主体正面、侧面、背影三种角度可以选择。从方位变化来说，俯视、仰视、平视属于高度方面的角度变化，正面、侧面、背影则属于水平上的变化。

在针对这几种拍摄角度进行摄影练习时，可以固定一种方位，选择另一种方位上的不同角度进行拍摄。比如，选择平视角度进行拍摄时，让模特旋转身体拍摄其正面、侧面、背影；又比如，拍摄人像模特的正面时，选择仰视拍摄、平视拍摄、俯视拍摄，并观察其最终画面效果。

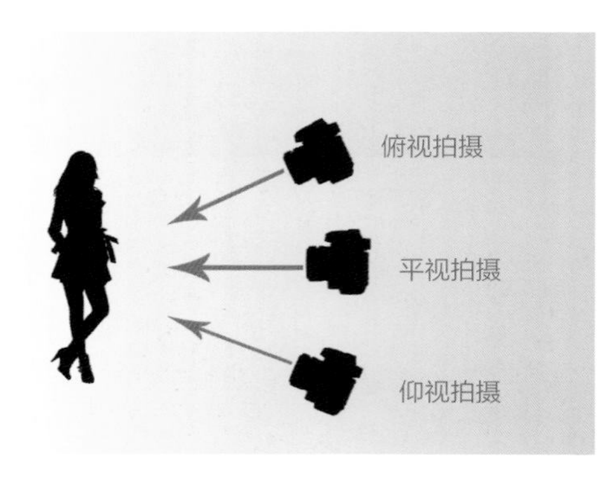

拍摄角度示意图

对比观察仰视角度、平视角度、俯视角度拍摄的人像画面效果时，可以同时选择正面拍摄进行对比。

仰视拍摄　平视拍摄　俯视拍摄

对比观察人像正面、侧面效果时，选择平视角度，让模特旋转身体，从而拍摄出以下对比图。

侧身

侧身

正面

正面

200mm
f/2.8
1/640s
ISO 100

顶视拍摄人像作品，拍摄角度独特，画面视觉效果更具个性

3. 拍摄模特背影练习

在人像背影作品中，因为看不到模特正面，所以引起了观众的好奇心，不知不觉间，背影为画面蒙上一层神秘面纱，这就使得单独拍摄背影的照片具有与众不同的视觉体验。

不过，在拍摄背影时，也需要注意以下几点。

（1）拍摄背影注重模特姿势。

在拍摄背影时，取景以及模特姿势都需要通过一定的筛选，确保画面中有比较独特的模特主体，最好不要选择大白肉或者后脑勺。

（2）尽量选择视野开阔的背景。

模特主体的视线在前方，呈现在画面中也就是模特在看向背景方向，因此，在选择取景时，应尽量选择背景广阔深远的场景进行拍摄，从而为画面增添更多的想象空间。

90mm
f/2.8
1/800s
ISO 100

在延伸到远方的小路上拍摄美女背影，以远处的天空与道路为背景，画面更具魅力

 200mm

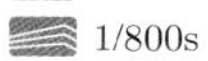 f/2.8

1/800s

ISO 100

在海边拍摄美女人像时，可以选择她们的背影进行拍摄

85mm

f/1.8

1/1000s

ISO 100

拍摄儿童时，拍摄其奔跑向远方的背影是不错的选择

200mm

f/8

1/1250s

ISO 100

在海边观看日落时，可以选择背影进行拍摄

4. 模特不同姿势拍摄练习

人像摄影之中，会根据模特外形特点、选择的拍摄风格、拍摄环境等，拍摄模特的不同姿势。通常来讲，这些姿势既包括静止状态的站姿、坐姿、躺姿、坐姿、趴着的姿势等，也包括运动状态的行走姿势、跳姿等。在实际拍摄中，拍摄者可以根据不同姿势，选择最为适合的拍摄技巧。

24mm
f/2.8
1/500s
ISO 100

在拍摄美女人像时，躺姿是常会拍摄的一种姿势

拍摄不同姿势的照片时，需要注意的技术要点如下。

（1）站姿。

拍摄站姿时，模特动作应尽量自然，在构图方面，可以突出模特身形的曲线美，并结合手部动作使照片更加舒展。模特双臂和双腿尽量不要都直立下垂，以免使照片显得死板。

（2）坐姿。

拍摄坐姿时，模特的腿部应尽量伸展，以使模特的腿部看起来更加修长；腰背要挺直，从而使模特更显挺拔。当然，在拍摄一些生活氛围浓郁的照片时，也可以选择模特最为自然的坐姿进行拍摄。

（3）躺姿。

拍摄躺姿时可以采用俯视或平视的角度拍摄。平视的拍摄角度让人感觉亲切，俯视的拍摄角度让人觉得耳目一新。

另外，在拍摄模特运动状态的作品时，可以结合相机的自动对焦模式，并选择连拍模式进行拍摄。

拍摄趴姿时，选择平视角度，在与模特视线齐平的位置进行拍摄

拍摄坐姿时，可以结合模特坐在草丛中的情况，选择不同的构图方法进行拍摄。

拍摄模特坐姿时，选择不同的拍摄角度进行拍摄

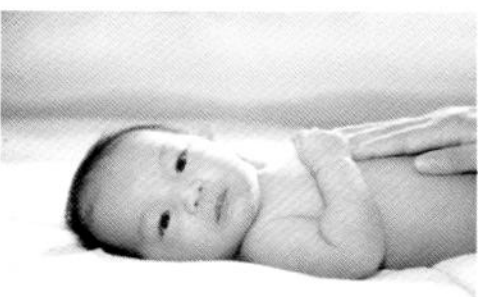
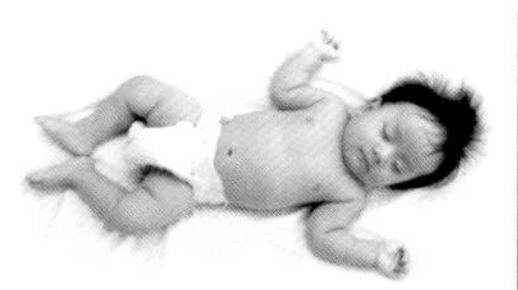

拍摄模特躺姿时，选择不同的拍摄角度进行拍摄

在练习站姿拍摄时，可以选择较为整洁的背景，拍摄模特站立时的不同的摆姿造型。

除了较为静态的摆姿以外，还可以拍摄模特行走、跳起、跳舞等场景。

5. 人像摄影中手臂的摆放练习

人像摄影中，除了专业模特以外，还会经常拍摄身边的亲人朋友，而这些非专业的模特站在镜头前时，或多或少会有些拘谨，不知所措，这主要体现在手臂不知如何安放。因此，在拍摄之前，摄影师需要掌握一些手臂的摆放姿势，这样在遇到手臂不知如何安放的情况时，可以为其做出一些指导。

通常，人像摄影中，在处理手臂姿势摆放方面，需要注意以下几点。

（1）双臂与双腿尽量不要平行。

（2）表现手臂时，取景尽量保证手臂完整。

（3）手指与手指甲要干净。

（4）避免紧握拳头。

50mm
f/2.2
1/400s
ISO 100

在拍摄儿童时，可以拍摄其手揉眼睛的场景

200mm
f/2.8
1/800s
ISO 100

拍摄可爱的宝宝时，他们吮含手指头的场景也是很不错的拍摄选择（王庆飞 摄）

50mm
f/3.5
1/400s
ISO 100

拍摄双手沾满颜料的孩子时，可以拍摄其满手色彩的画面

50mm
f/8
1/500s
ISO 100

拍摄手的姿势时，可以拍摄双手摆出不同造型的场景

6. 不同景别的拍摄练习

景别是人像拍摄时，最为基本的构图方法，包括全身照、半身照和特写。景别不同，照片所表现出来的效果也不尽相同。

200mm
f/2.8
1/800s
ISO 100

拍摄儿童全身照时，可以一定程度地拍摄到周围环境

简单来说，全景人像是指全身人像与周围景物结合，在拍摄时需要注意人像与环境的结合。尤其是人物所占画面比例较小时，人物的出现也成了整幅作品的点睛之笔，在构图时，需要仔细琢磨。

半身照，主要表现人物面部相貌、神态等，在拍摄时，需要认真观察，掌握适当的拍摄时机。

人像特写作品，画面中只包括拍摄对象的脸部（或者有眼睛在内的部分脸部），该种取景方法，主要表现人像主体面部特征、妆容。值得关注的是，选择微距镜头拍摄，可以使人物面部得到更为细致的表现。

全身照

半身照

面部特写

100mm
f/3.2
1/400s
ISO 100

选择特写的方法表现儿童眼睫毛以及眉毛等细节（王庆飞 摄）

200mm
f/2.8
1/500s
ISO 100

拍摄人像半身照，美女的神态可以得到很好的表现

185mm
f/2.8
1/640s
ISO 100

拍摄人像全身照，美女主体周围环境也会得到更多表现（王庆飞 摄）

训练90 拍摄美女、儿童的表情

在美女、儿童摄影中，模特的表情很大程度上奠定了一张照片的情绪基调。因此，在拍摄时，需要着重注意模特的表情。

50mm
f/8
1/400s
ISO 200

拍摄美女或儿童时，要时刻注意他们的表情

当然，在初学人像摄影时，可以专门针对模特表情做一些拍摄练习，通过调动模特的情绪，拍摄出模特的喜怒哀乐。

50mm
f/8
1/500s
ISO 200

在美女或儿童摄影中，经常会拍摄一组多张模特不同表情的照片，并制作成照片墙（王庆飞 摄）

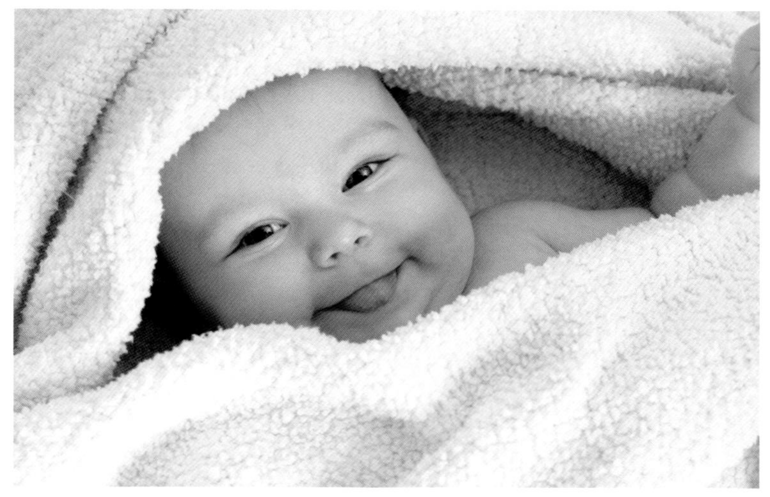

50mm
f/2.8
1/400s
ISO 200

拍摄儿童时，可以拍摄他们吐舌头嬉笑的场景

85mm
f/2
1/500s
ISO 100

也可以拍摄儿童安静地趴在窗边，看向窗外的表情

70mm
f/3.2
1/1000s
ISO 400

当然，儿童张嘴大哭的场景也是值得记录下来的画面（王庆飞 摄）

训练91　自然光下美女、儿童摄影练习

实际拍摄中，经常会在自然光下拍摄美女、儿童。当然，在自然光下进行拍摄时，自然光线的每一种变化，都会对人像作品产生不同的影响。因此，在拍摄前，需要了解一些自然光线的基本知识，并根据所了解的这些知识，应对实际拍摄中出现的诸多问题。

在自然光下拍摄人像时，可以从以下几点着手。

（1）选择清晨、黄昏、阴天等光线柔和的时间段进行拍摄。

（2）注意用光角度的选择。

所谓的用光角度，简单来说，就是在自然光下拍摄时，顺光、侧光、逆光、侧逆光等光线角度。

（3）自然光下拍摄借助补光设备。

在室外拍摄时，会出现环境中光线不足，逆光拍摄主体正面发暗等情况，这时可以借助反光板或闪光灯等为场景进行补光。

（4）强光下的拍摄技巧。

在强光下拍摄时，人像主体面部会出现明显的光影。为解决这一问题，可以借助一些工具，对环境光进行柔化，比如选择一把半透明的伞，柔化强光。需要注意的是，在强光下拍摄时，如果遇到有树荫的地方，应尽量避免人物面部出现斑驳的光影，“黑一块白一块”。

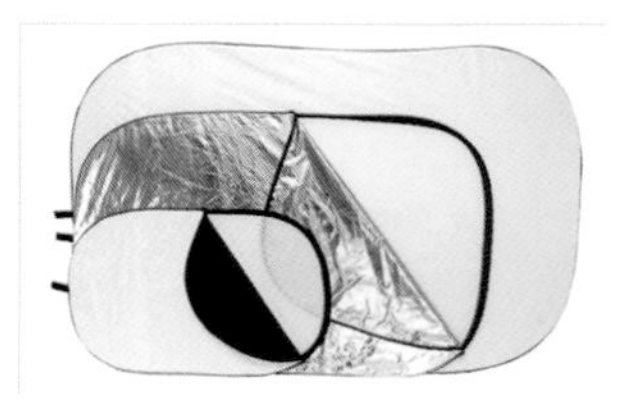

反光板

带有柔光罩的闪光灯

200mm
f/2.8
1/640s
ISO 100

自然光下拍摄美女、儿童，是非常常见的拍摄环境

光线柔和的时间段，选择顺光拍摄，儿童肤色更显细腻

强光下，侧光拍摄儿童，画面中光影明显，立体感增强

自然光下，逆光拍摄人像剪影效果

侧逆光拍摄儿童时，画面出现绚丽的光斑

强光下拍摄人像时，借助反光板，可以减少画面中阴影，使照片中的光影变化更为柔和

光线不足的情况下，可以使用闪光灯进行补光拍摄

训练92　影室灯光下美女、儿童摄影练习

在拍摄美女、儿童时，也可以在室内借助影室灯进行拍摄。影棚拍摄的优势在于，可以通过对影室灯光的布置，完成更多的光影创意。

200mm
f/18
1/200s
ISO 100

室内拍摄人像时，可以借助影棚内的灯光进行布光拍摄（王庆飞 摄）

在影室灯光下拍摄美女、儿童，需要了解以下几个知识点。

（1）主光与辅助光的使用。

在影棚内拍摄人像时，灯光布置尤为重要。在拍摄之前，需要确定拍摄时所用的主光灯，并借助主光为照片奠定画面风格。为了解决主光留下的问题，还需要为场景中布置辅助光位，从而对画面的阴影区域进行补充照明，以保证人像暗部细节得到很好的表现。

（2）背景光与发光运用。

除了主光与辅助光以外，在影棚内拍摄时，还有一些作用特殊的光线，比如背景光、发光等。在实际拍摄中，应根据实际拍摄需要，为场景布置合适的光位。

（3）质感与细节的把控。

在影棚内拍摄人像，最大的优势便是可以借助影室灯布光，更为细腻地表现主体细节，使画面更具质感。

用单灯作主光拍摄，可以奠定画面整体的风格调子（王庆飞 摄）

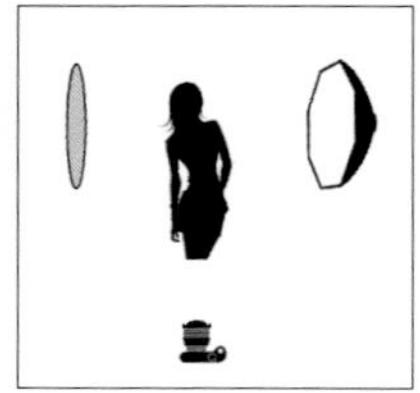

为画面添加辅助光，暗部细节得到更好的表现（王庆飞 摄）

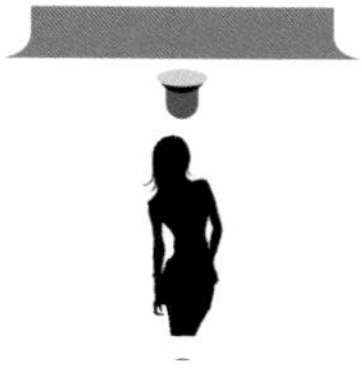

添加背景光，画面立体感增强（王庆飞 摄）

在场景中布置发光，人像主体头发区域层次增加（王庆飞 摄）

120mm
f/8
1/200s
ISO 100

在室内拍摄美女人像时，借助室内灯光为人像造型，画面立体感更为强烈

200mm
f/2.8
1/400s
ISO 100

室内拍摄儿童，在灯光照射下，儿童肤色更为白净、细腻

训练93　美女、儿童摄影中方画幅构图练习

在拍摄美女、儿童时，除了横、竖画幅以外，还可以使用更具特色的方画幅进行构图拍摄。

35mm
f/18
1/200s
ISO 100

在拍摄美女人像或儿童作品时，还可以使用方画幅构图

在使用方画幅拍摄人像时，为使画面更为精彩，可以在构图方面多下工夫。

实际拍摄中，可以沿用人像摄影中常运用的构图方法，比如在方画幅中使用对角线构图、三角形构图、三分法构图等。

使用方画幅拍摄人像面部特写时，将头发与面部进行斜线构图，画面更为精彩

以方画幅拍摄儿童时，使用斜线构图拍摄儿童伸出手臂的场景，画面更为精彩

◎ 使用方画幅拍摄人像，将模特放在画面的一角，形成三角形构图，画面更为亲切

◎ 使用方画幅构图拍摄人像，将模特放在画面右侧三分之一处，画面更显和谐

◎ 使用方画幅构图拍摄，结合动静对比一起构图，增加了画面动感

◎ 使用方画幅构图拍摄人像，将浪花放在画面三分之一处，画面主体更显突出

训练94　美女、儿童照片风格练习

前面提到，在摄影师与模特相对熟悉的基础上，根据模特特点，选择适合模特的拍摄方法。这么做，除了为后期拍摄提供规划参考以外，还可以在与模特的熟悉过程中，了解模特个性，为其打造专属于她们的照片风格。

也就是说，在拍摄水平达到一定程度以后，可以尝试拍摄不同风格的人像作品，比如糖水片、黑白人像、日系风格人像等。

当然，这些风格并不是单单靠拍摄就能完成的，有些时候，还需要借助后期处理软件来完成。比如拍摄日系风格作品时，可以前期+后期，在后期处理软件中，为照片打造清新日系风格。

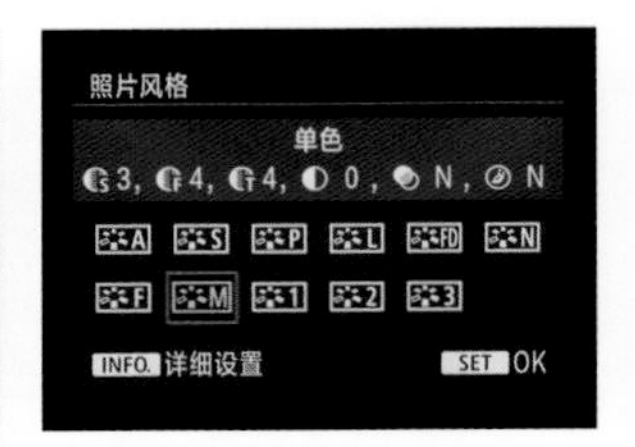

佳能相机中的单色照片风格设置菜单

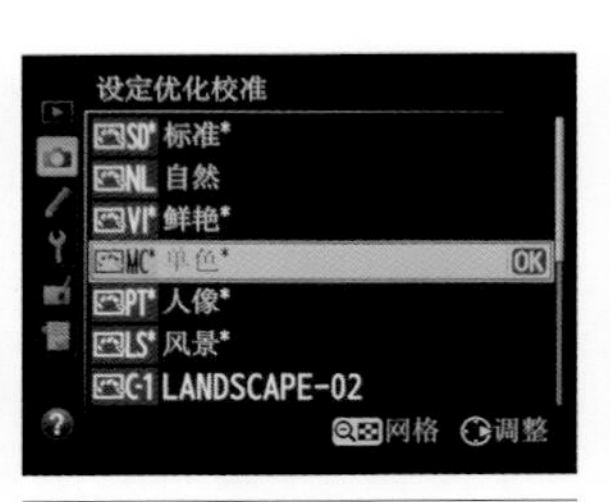

尼康相机中的单色设定优化校准设置菜单

借助相机单色风格模式进行拍摄，可以拍摄出黑白影调的作品

在后期处理软件中，对照片色彩与曝光进行调节，打造出独具特色的照片效果（王庆飞 摄）

200mm
f2.8
1/800s
ISO 200

在拍摄人像作品时，日系风格是较常使用的照片风格（王庆飞 摄）

185mm
f2.8
1/500s
ISO 100

在实际拍摄中，也可以拍摄一些甜美的糖水片（王庆飞 摄）

第8部分

风光题材训练

通常，摄影中所说的风光题材，既包括自然风光，比如山景、水景、雪景等，也包括人文风光，比如现代建筑、古典建筑等。这里介绍的风光题材也是针对这些题材展开的。

具体训练中，本章选取风光摄影中较为重要的技法要点进行阐述、练习，以求为读者提供有更为有效的帮助。

训练95　风光摄影构图训练

面对大自然中的壮丽美景，初学者最容易犯的一个毛病就是，总想把所有美的元素尽数纳入画面中，不懂得取舍。这往往会取得适得其反的结果——画面杂乱，没有重点，原本很美、很有震撼力的景色变得很平淡，毫无美感。在拍摄风光摄影作品时，如何取景构图，显得尤为重要。

70mm
f/18
1/500s
ISO 100

将远处的地平线安排在画面的上三分之一位置，山景与天空主次分明，和谐唯美

从以往的拍摄经验来说，很多经典的构图方法在风光摄影中同样非常适用。比如当拍摄的场景中存在海平面、地平线等景色时，可以使用三分法构图，将海平面或地平线放在画面三分之一的位置，从而使画面主次感增强，画面也更显均衡。

另外，在画幅选择方面，可以根据实际需要，选择横画幅或竖画幅。

总的来说，无论采用何种构图方法，都需要一定程度地注意画面均衡性问题，实际拍摄中可以根据现场环境中的具体题材，进行取景构图。

将水平面放在画面中央位置，天空与水面主次不明，画面没有侧重

将水平面放在画面下方三分之一的位置，天空中的云彩与透过云彩的光线得到更好呈现，照片主次分明，画面更显均衡

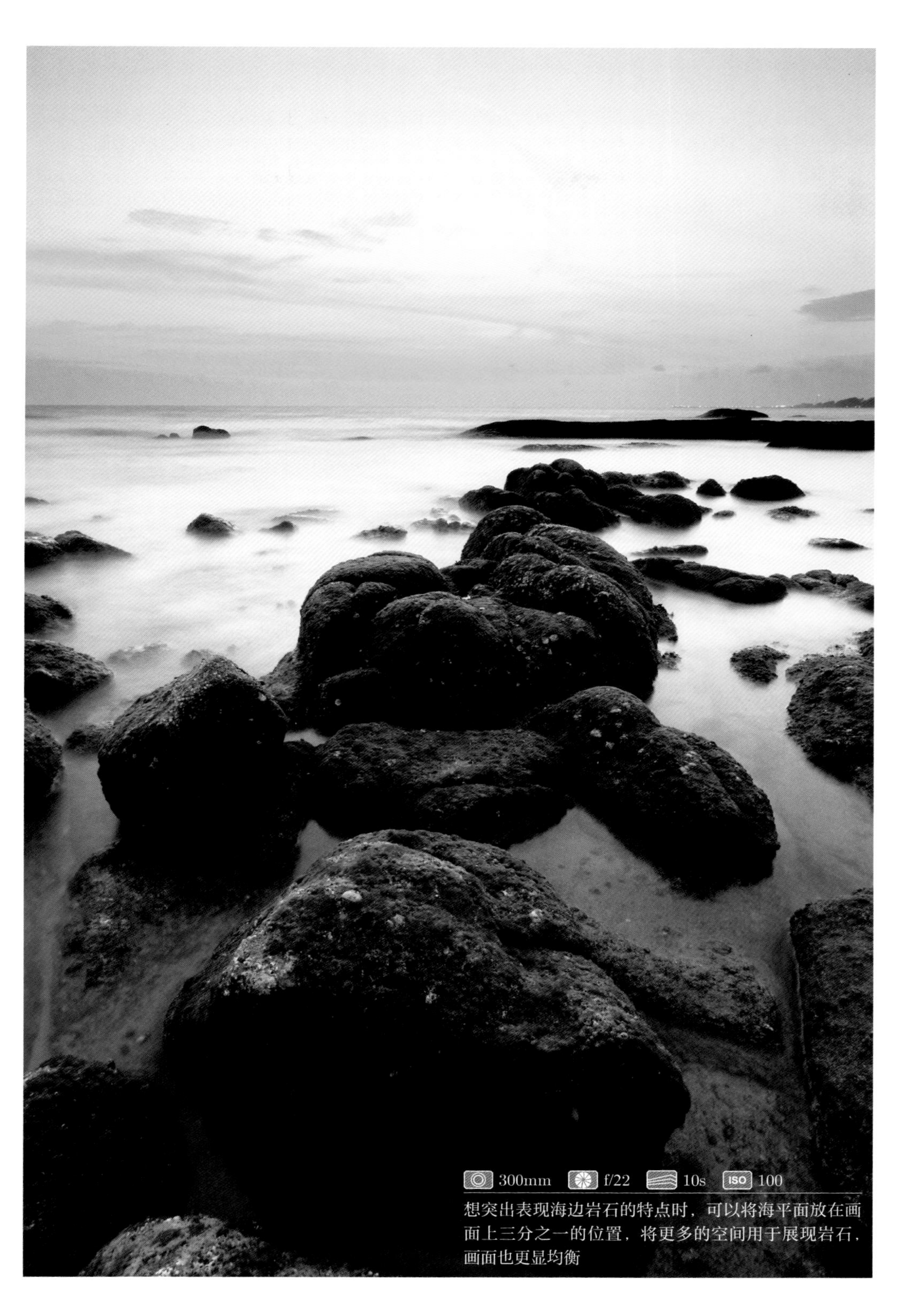

300mm f/22 10s ISO 100

想突出表现海边岩石的特点时，可以将海平面放在画面上三分之一的位置，将更多的空间用于展现岩石，画面也更显均衡

1. 垂直线构图方法练习

风光摄影之中，常常会遇到森林或建筑场景，观察这些场景特点，会发现树木之间或建筑物之间存在着平行关系。可以借助这一特点，选用垂直线构图方法，所谓的垂直是指树木或建筑物与地面之间存在垂直关系。

选用垂直线构图方法进行拍摄，难免会存在一定的局限性，需要拍摄的场景中存在多条与地面垂直的线条。因此在实际拍摄时，需要事先对拍摄环境有一定的了解，才可以确定是否选择此类构图方法。

垂直线构图示意图

70mm
f/14
1/800s
ISO 200

拍摄造型独特、彼此相平行的建筑物时，可以使用垂直线构图

200mm
f/13
1/400s
ISO 100

采用垂直线构图拍摄树林，重复出现的树干给人一种特别的韵味

50mm f/8 1/640s ISO 100

拍摄圆拱形的长廊时，将柱子作为主体，使用垂直线构图进行拍摄

2. 寻找场景中存在的线条

自然环境中，如果仔细观察，会发现其中有很多明显或隐藏着的线条存在，最常见的，如林间蜿蜒的小路、弯曲的河流、有一定规律分布的台柱、台阶，甚至是沙漠中沙丘形成的线条、车流形成的轨迹等。在取景构图时，如果巧妙利用这些线条，会让画面有一种韵律感和节奏感，很好地增强作品的艺术性。

200mm
f/8
1/500s
ISO 100

沙漠中的沙丘在光线的照射下会形成明显的线条，利用这些线条构图，画面更精彩

在实际拍摄时，寻找场景中的线条，并结合这些线条构图时，需要注意以下几点。

（1）要有一双慧眼。在取景时，要有一双善于发现的眼睛。大自然中，有的线条比较明显，有的则需要采用一定的摄影手段，才能将画面中的线条展现出来。所以，要想利用好画面中的线条，拍摄之前需要仔细观察。

（2）镜头选择。

之所以会提到镜头的选择，主要是因为风光题材场景中存在一定的复杂性。在拍摄时，借助一种镜头并不能完全应对所有风光题材，尤其是在拍摄有线条的场景时，适合的镜头可以更有效地表现线条的美感。比如，拍摄沙漠时，使用长焦镜头拍摄远处美丽的曲线，在长焦镜头压缩取景后，可以使这些优美的线条得到清晰而突出的展现。

（3）有感而发。利用环境中的线条拍摄时，不要为了使用线条构图而使用，这样照片也会显得很刻意。提炼线条时，最好是选择能够有所触动、唯美震撼的场景。

（4）线条不能太多。在拍摄画面中的线条的时候，应该注意线条数量要适中，且有一定的规律，尽量避免拍摄杂乱无章的线条。

蜿蜒的小道，让原本单调的山体变得更有韵味

拍摄河流时，还可以选择河流拐弯的地方进行拍摄

80mm f/20 15s ISO 100

繁华都市中的街道，原本并不存在灯光的轨迹，但在很慢的快门速度下，车灯会以这种轨迹的形式存在。这就是一种隐藏着的线条，需要有一定摄影经验才能发现

训练96 用强烈色彩增强照片渲染力

风光摄影作品成败与否，在一定程度上取决于光线及色彩的运用。因此，在实际拍摄时，尤其要注意环境中的光线和色彩。

在色相环中，每一种颜色和它对角（180°）的颜色，相互称为互补色，两种颜色放在一起又是对比色的关系。比如，黄色和紫色互称为对比色，橙色和蓝色互称为对比色，绿色和红色互称为对比色。

在风光摄影中，利用对比色的原理进行构图，可以使照片产生强烈的视觉冲击力，照片给人的视觉感受也会更为激烈。

具体拍摄时，为了获得更为强烈的色彩对比效果，需要注意以下几点。

（1）正午时，利用天空的蓝色和地面的景物进行对比。

（2）早晨或傍晚时，利用霞光的红色和地面绿色的景物、蓝色的色调进行对比。

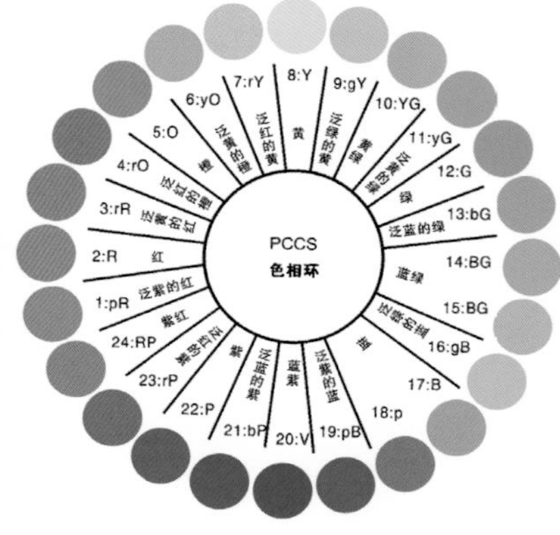

色相环

70mm
f/18
1/500s
ISO 100

选择清晨朝霞漫天的时候拍摄，画面中色彩绚丽多彩

在正午没有云彩的时候拍摄，画面中的色彩稍平淡

选择漫天云彩变幻、草场金黄的时候进行拍摄，画面中的色彩对比强烈，照片更加精彩

200mm
f/16
1/400s
ISO 100

选择秋季满山的树叶变为黄色或红色的时候拍摄，树叶与远处冷色调的群山形成色彩对比，画面绚丽多彩

200mm
f/12
1/640s
ISO 100

借助植被色彩以及光影的照射，可以拍摄出色彩绚丽，视觉冲击感强烈的画面

训练97　水景题材拍摄练习

在风光摄影中，经常会接触到水景的拍摄。为了更有针对性地拍摄，将水景分为安静的水景题材与动态风光水景。

所谓安静的水景题材，简单来说就是指那些运动相对较缓慢的水景，比如远处的海景、平缓的流水、平静的湖景等。

85mm
f/22
1/200s
ISO 100

使用f/22的小光圈让波光粼粼的水面产生美妙的星芒效果，非常具有美感，强烈的明暗变化也让画面极具视觉冲击力

在安静水景的拍摄中，这里主要介绍波光粼粼的水面与平静的湖面。

首先，在实际拍摄中，若是想要拍摄出波光粼粼的水面，需要注意以下几点。

（1）逆光低角度表现波光层次。

在表现水面的波光时，将水面的明暗对比表现得更为强烈，就能够让波光的层次感更加分明，画面也更具美感。如果想要让画面的光影变化更强，就需要在太阳角度较低的日出日落时分进行拍摄。采用逆光的光位，并将相机放低，以低视角进行拍摄。

（2）小光圈突出星芒效果。

拍摄波光粼粼的水面时，水面会出现一些高光的反射点。如果能够将这些反射点拍摄出星芒的效果，会让画面更出彩。如果希望水面的反光点呈现星芒效果，就需要使用非常小的光圈进行拍摄。一般来说，比f/16更小的光圈就能够让星芒效果十分明显。除了缩小光圈外，使用经常在夜景拍摄中用到的星光镜，也能够让高光点呈现出美妙的星芒效果。

使用侧光并且以较高的视角拍摄水面，水面波纹的层次感非常不明显，画面较为平淡

以逆光的光位将相机放低到离水面1米左右的高度进行拍摄，画面中波光的层次感非常强，光影交错的效果也更吸引人

使用f/4的大光圈拍摄波光粼粼的水面，反光点显得较为平淡，画面美感不足

使用f/22的小光圈拍摄，水面的反光点呈现了非常美妙的星芒效果，画面更吸引人眼球

200mm
f/14
1/800s
ISO 100

拍摄海水时，可以逆光拍摄出波光粼粼的画面效果

400mm
f/8
1/1250s
ISO 100

拍摄海上的帆船时，逆光拍摄，海面形成星星点点的光斑效果，画面效果很精彩

平静的湖面透露出一种静谧的自然之美。如镜面般的湖水，能够产生清晰的倒影，借助倒影，可以制造出有趣的虚实结合效果。

35mm
f/18
1/800s
ISO 100

没有风的时候，拍摄平静的湖面犹如拍摄一面镜子

在拍摄平静的湖水时，需要注意以下几点。

（1）顺侧光将倒影表现得更加清晰。

在实际拍摄时，顺侧光的光位是最适合拍摄倒影的，因为这个位置的倒影在清晰度和饱和度上均达到最佳的状态。在拍摄倒影时，切忌使用逆光，因为逆光时湖水的反光最为强烈，画面饱和度较低，并且倒影清晰度最差。

另外，在拍摄时，将相机的照片风格或优化校准模式调整为风光，可以让画面具有更高的饱和度，倒影也显得更美丽。

（2）利用三角形构图表现画面纵深感。

在拍摄平静的湖面时，如果总是画面上方是岸边实景，画面下方是对称的倒影未免让照片看起来过于平面化。其实，只需换一种构图方式，就能立刻体现出画面的纵深感。

在拍摄中，选择一个合理的拍摄位置，让岸边的景物和倒影位于拍摄位置的一侧，这样利用近大远小的透视关系加之广角镜头的畸变效果，就能够让实景和倒影形成三角形构图，让画面透视感更强。

在侧逆光光位拍摄，湖面的倒影非常模糊，很难看清，并且由于水面的反光较强，画面饱和度也较低

在顺侧光的光位拍摄，湖水的倒影表现得非常清晰，水面反光柔和，倒影饱和度接近实体景物，画面更具美感

使用标准焦距拍摄正面的湖岸，实景与倒影形成了对称式构图，但是画面整体的立体感较差

使用广角镜头，在湖岸的一侧进行拍摄，实景和倒影形成了三角形构图，突出表现了画面的透视关系，画面的立体感增强

200mm
f/22
1/400s
ISO 100

拍摄山间平静的湖水时，可以借助水面与山脉进行对称式构图

100mm
f/16
1/500s
ISO 100

借助相机的风光模式进行拍摄，画面色彩更加艳丽

训练98 动态风光题材拍摄练习

风光摄影中，并不是所有的主体场景都是安静不动的，比如瀑布、风沙、星星等。因此，在实际拍摄中，快门速度的快慢也会影响着风光摄影作品的拍摄效果。针对这些动态风光题材，可以使用慢速快门拍摄它们的运动轨迹，也可以使用高速快门拍摄它们的动态瞬间。

使用慢速快门拍摄时，需要注意以下几点。

（1）使用三脚架稳定相机。慢速快门，顾名思义就是快门速度很慢。为保证照片画面清晰，就需要将相机稳定在三脚架上。另外，使用B门模式拍摄星轨时，最好使用快门线。

（2）慢速快门拍摄。通常会将快门速度设置为1秒或者更慢，从而将瀑布拍摄出丝雾轻纱一般的画面效果。

（3）选在阴天拍摄更好。阴天光线比较柔和，照片给人的感觉更加细腻。

（4）减光镜的运用。若是拍摄环境的光线很强，使用减光镜可以减少进入镜头的光线，从而在满足正确曝光的基础上，获得更慢的快门速度。

中灰减光镜

三脚架

100mm
f/18
10s
ISO 100

拍摄瀑布时，使用慢速快门可以拍摄出流水运动的轨迹，画面中的瀑布犹如轻纱一般

夜晚，使用慢速快门可以拍摄出星星划过天空的轨迹

200mm
f/18
1/20s
ISO 100

沙漠中拍摄风沙时，使用慢速快门可以拍摄出风沙划过的轨迹

17mm
f/22
10s
ISO 100

拍摄飞动的云彩，使用慢速快门可以将云彩在空中涂抹的痕迹记录下来

除了使用慢速快门拍摄以外，还可以使用高速快门进行拍摄。

通常，使用高速快门拍摄水花飞溅的瞬间，可以增强照片视觉冲击力。尤其是在拍摄飞流直下的瀑布、浪花拍石溅起的瞬间时，照片中水景飞溅的激烈感会表现得更好。

100mm f/12 1/2000s ISO 100

使用高速快门拍摄瀑布，可以凝固瀑布奔泻而下的瞬间

为拍摄出精彩的高动态画面效果，在拍摄时，需要注意以下几点。

（1）设置较高的快门速度。将相机的快门速度设置为1/1000秒以上，可以更好地凝固飞溅的浪花。

（2）适当调节感光度。根据场景中的光线，选择适合的感光度，以确保照片曝光准确。

（3）选择较为精彩的景物进行拍摄，比如拍摄飞溅的海浪、击打岩石的瀑布等。

（4）避免浪花亮部细节曝光过度。

拍摄浪花时，可以使用长焦镜头，采用高速快门，拍摄海浪卷起的精彩瞬间

快门速度较快时，会发现流水清澈，溅起的浪花犹如颗颗珍珠一般晶莹剔透

使用慢速快门拍摄，流水犹如白色轻纱，连贯轻柔

100mm
f/8
1/2000s
ISO 400

使用高速快门拍摄溪流中溅起的水花，水花溅起的瞬间被定格下来，照片的动感十分强烈

200mm
f/12
1/1000s
ISO 200

使用高速快门可以很好地将浪花拍击岩石溅起的瞬间定格下来，照片的视觉效果非常震撼

训练99　现代建筑题材拍摄练习

拍摄现代建筑时，有多种拍摄方法，比如寻找场景中的线条，进行垂直线构图、曲线构图等。在实际拍摄中，读者可以对这些要点进行逐一练习。不过，在拍摄时，需要着重了解并掌握使用移轴镜头。

185mm
f/2.8
1/640s
ISO 100

使用移轴镜头拍摄建筑，会发现远处的建筑物横平竖直，很少出现透视畸变现象

在使用普通镜头拍摄现代建筑时，由于透视效果的影响，呈现在画面中的建筑物会发生畸变，尤其使用广角镜头拍摄时，畸变效果更明显。为避免建筑摄影中建筑物变形问题，需要使用移轴镜头进行拍摄。

当然，除了纠正透视畸变外，使用移轴镜头还可以拍摄出微型模型的效果。

佳能移轴镜头

尼康移轴镜头

使用普通广角镜头，照片中的建筑物出现明显的变形

使用移轴镜头拍摄建筑物，可以很好地纠正镜头的畸变问题

45mm f/14 1/800s ISO 200

使用移轴镜头拍摄城市街道，还可以拍摄出微型模型的效果

训练100　古典建筑题材拍摄练习

在拍摄古典建筑时，巧妙利用前景与背景，可以丰富画面、突出主体，还可以增加照片空间感与趣味性。

50mm　f/16　1/500s　ISO 100

拍摄古村庄时，可以将周围的山峦一起拍摄下来，从而增强画面空间感

具体拍摄时，可以从以下几点入手。

（1）前景的选择。

在拍摄古典建筑选择前景时，既可以选择建筑物前方的树木枝叶，也可以结合周围环境色彩进行构图。比如在拍摄徽派建筑时，可以与周围黄色的油菜花相结合，从而使照片中的建筑物更加突出、唯美。

（2）背景的选择。

在选择背景时，既可以将远处天空中的云彩作为背景，也可以俯视拍摄将建筑物后方的静物作为背景。

画面中没有前景与背景，照片空间感较弱

为画面增添前景与背景，画面空间感增强

200mm f/16 1/500s ISO 100

结合建筑物周围环境拍摄，可以使主体更加突出、唯美

中国古建筑极为讲究，追求天圆地方的对称设计。在拍摄时，应该根据其特点选择合适的构图方法，其中，对称式构图就可以很好地表现中国古典建筑的对称之美。

35mm f/18 1/400s ISO 100

中国古典建筑从其外观架构上多是对称结构，可以借助对称式构图的方法表现古典建筑的对称美

具体拍摄时，需要注意以下几点。

（1）在古典建筑的中轴线上进行拍摄。中轴线一般就是古典建筑的对称线，选择在这里拍摄，可以更加精准地保证建筑物两边的对称性。

（2）选择光线柔和的时间拍摄。选择光线柔和的时候拍摄，可以避免强光下，建筑物两侧光影不同造成的对称不完美。

（3）确保相机的水平。拍摄时相机机位应和建筑物所在的地面保持水平，这样建筑物看上去才能四平八稳，否则会给人倾斜、不对称的感觉。

拍摄古典建筑时，可以站在门洞的中间进行对称式构图

对称式构图示意图

使用对称构图拍摄古典建筑

对称式构图示意图

200mm
f/14
1/500s
ISO 100

借助对称构图法拍摄时，可以对古典建筑的屋檐进行取景

70mm
f/15
1/400s
ISO 100

拍摄古典建筑时，可以借助平静的水面进行对称构图

第9部分

动物题材训练

拍摄动物，首先，要解决“动”的问题。动物们不是静止不动的，也不是规规矩矩听人指挥的，所以若想拍摄出精彩的动物摄影作品，需要有针对性地做一些训练。

本章将从不同题材的动物入手，简单了解动物摄影中需要做的练习。

训练101　家庭宠物拍摄练习

动物摄影之中，最为常见的题材便是家中的宠物猫和狗了。在拍摄这些可爱的宠物时，需要了解一些拍摄技巧，并对这些技巧中较为重要的进行熟悉练习。接下来，将从宠物摄影中比较重要的几点着手进行练习。

从拍摄场地来说，家庭宠物的拍摄，可以分为室内拍摄与室外拍摄两种。在练习中，可以依据这种分类，进行区分。接下来，便针对室内拍摄与室外拍摄的具体状况，进行拍摄练习。

100mm
f/8
1/200s
ISO 800

在室内拍摄宠物狗时，可以使用一些方法，引导狗狗们一起看向一个地方，从而使照片更为有神

首先了解一下室内宠物的拍摄。

在室内拍摄宠物时，主要需要解决以下几点。

（1）光线不足，快门速度较慢，导致画面模糊。

遇到此类问题，最为直接的方法，便是对环境进行补光。通常，为使照片更为自然，多选择室内灯进行补光，也可以选择在窗户处，自然光可以直接照射到的地方进行拍摄。这样照片显得更加自然，亲切感更强。

另外，也可以使用适当调高感光度的方法，解决这一问题。

（2）室内空间较小，场景杂乱，导致画面杂乱，主体不突出。

面对环境杂乱的问题，最常用到的方法，便是在拍摄之前，对屋内的场景进行布置，可以将一些杂乱的物品收拾到拍摄场地之外，从而使取景中的画面看起来很简洁。

（3）宠物睡意朦胧，不配合。

对于此类问题，可以选择一些小玩具、小铃铛，用发出声音等方法，引逗宠物，让它们活跃起来。

小玩具

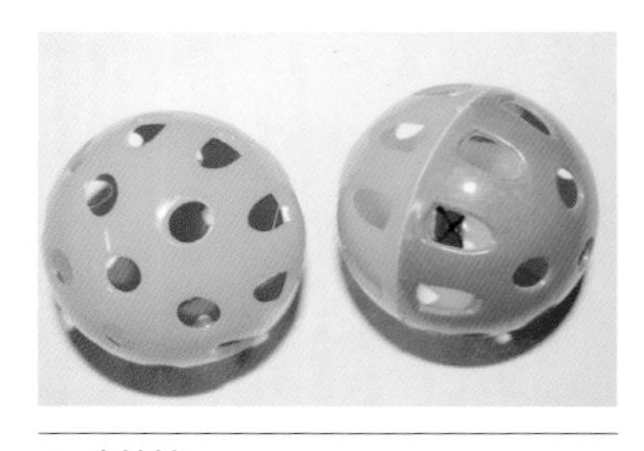

小铃铛

在室内拍摄宠物时，需要多选择一些光线较好的地方进行拍摄，另外，条件允许的情况下，也可以使用影室灯进行补光。

使用影室灯补光，照片曝光准确

为使照片曝光准确，主体清晰，可以选择在窗户旁边进行拍摄

在练习中，应有目的性地精简画面，使画面简洁，主体突出。可以选择一些较为简洁的场景，比如沙发、床上；也可以使用整洁的背景，比如纯色的毯子等 。

为使画面简洁，主体突出，可以选择整洁的毯子作为背景

在场景相对整洁的沙发上拍摄，画面可以很好避免杂乱

为了吸引宠物注意力，使画面更为精彩，在练习中，可以多使用小道具引导宠物进行拍摄。

没有使用铃铛等玩具引导宠物

使用铃铛，制造声音，可以使宠物同时看向一处

接着来一起了解一下室外宠物拍摄。

与在室内拍摄宠物相同，在室外拍摄宠物时，也需要掌握几点较为主要的技法。

（1）选择场景开阔的草地、沙滩等地方。

室外拍摄宠物时，为使画面简洁，主体突出，经常会选择一些场景开阔的草地、沙滩。另外，因为这些地方较为开阔，宠物有更多的活动空间，从而可以拍摄到它们奔跑、玩耍的精彩瞬间。

（2）为了避免宠物害怕，钻进灌木丛等地方，需要有人在旁边配合。

在室外拍摄宠物，对于一些胆小的宠物来说，比如宠物猫，新环境就意味着陌生，这就使得它们因为害怕而往一些灌木丛之类的地方钻。因此，在拍摄时，为避免它们这样钻来钻去，需要有个帮手在旁边看着它们。

（3）对焦模式及驱动模式的练习。

拍摄宠物时，最基本的要求便是主体清晰，因此，在拍摄宠物时，应该多多练习对焦模式，以及驱动模式。

（4）选择侧逆光角度，表现宠物美丽的毛发。

在室外拍摄宠物时，为了更好地表现宠物毛发，可以选择侧逆光的角度进行拍摄。

在拍摄奔跑的宠物时，可以使用相机人工智能伺服对焦模式（连续伺服对焦），并结合连拍模式进行拍摄。

在室外拍摄宠物时，多会选择宠物玩耍、奔跑的精彩瞬间进行拍摄。

在水边拍摄宠物奔跑，跳入水中的场景，照片动感很强

在室外拍摄宠物时，可以选择宠物玩耍的瞬间进行拍摄

200mm
f/2.8
1/500s
ISO 800

在室外拍摄一些安静的宠物时，可以选择单次对焦进行拍摄，从而确保照片对焦准确，画面主体清晰

300mm
f/4
1/800s
ISO 400

要表现宠物美丽的毛发时，可以选择侧逆光的角度进行拍摄

400mm
f/5.6
1/1250s
ISO 800

选择开阔的海滩拍摄奔跑的宠物，照片更显精彩

训练102　与宠物拍合影练习

除了单独拍摄宠物以外，还会经常拍摄主人与宠物的合影。谈及宠物与主人的合影，需要更多注意的是，如何让主人与宠物的合影更加精彩有趣。

这也就是说，与单独拍摄宠物、人像相比，在拍摄技巧方面，并没有太多的不同。拍摄合影时，更多还是需要从取景、构图、创意方面着手，从而使照片更为精彩。

接下来，从一些较为基本的、常见的合影方式入手，熟悉并掌握合影拍摄最容易出彩的方法。

最为常见的合影方式便是主人抱着宠物

拍摄合影时，可以选择主人在草地遛狗的场景进行拍摄

宠物清晰、主人虚化也是不错的合影方式

可以拍摄宠物与主人共同趴在地上看向镜头的场景

拍摄合影时，可以拍摄宠物站起来扑向主人的场景

拍摄宠物与主人眼神交流的场景，也是不错的选择

200mm f/3.2 1/1000s ISO 800

拍摄宠物与主人合影时，可以选择拍摄宠物与主人一起玩耍跳起的精彩瞬间

训练103 动物园动物拍摄练习

动物园中有各种各样的动物，拍摄者几乎可以在一天之内拍摄到世界各地的不同动物，这也是动物园拍摄的一大优点，动物种类多。然而，由于动物园中空间有限，这就导致拍摄中会出现很多问题，要想在动物园中可以更为顺利地完成拍摄，我们还是需要在拍摄之前，掌握一些拍摄技巧。

400mm f/5.6 1/800s ISO 400

在动物园中，可以使用长焦镜头拍摄那些距离较远且凶猛的动物

通常，在动物园中拍摄动物，需要解决以下几个问题。

（1）尽量避免铁丝网、栅栏等干扰物的影响。

动物园拍摄宠物时，很容易受到铁丝网等障碍物的干扰，影响画面效果。在初学时，需要多多练习避开障碍物干扰的方法。

（2）避免玻璃反光对照片的影响。

但凡用玻璃隔开的区域，或多或少，都会出现玻璃反光的问题。熟练掌握避免玻璃反光的方法，便成了急需掌握的一项技巧。

（3）室内拍摄时，光线不足的问题。

与室内拍摄宠物相同，在动物园的室内拍摄动物时，也会出现光线不足的情况，为解决这一问题，可以适当提升感光度。

（4）背景杂乱、游人误入画面等问题。

动物园中，每天都有大量游客，在拍摄时，需要注意避开游人干扰。另外，由于空间有限，动物园中很容易出现环境杂乱的场景，拍摄时，可以选择特写的方法避免背景杂乱。

（5）镜头焦段的练习。

动物园中的动物，或大或小，或远或近，拍摄时需要经常性地更换镜头，从而应对不同的动物主体。不过，若是遇到只携带一支镜头的情况，也可以使用同一焦段，拍摄出该焦段下，最为精彩的动物作品。

动物园中拍摄时，常常会受到铁丝网等障碍物的干扰，为解决这一问题，应该尽量将数码单反相机与其镜头靠近铁丝网的网框中央，然后通过光圈优先模式选择较大的光圈进行拍摄。同时，要注意将焦点对准动物，以确保拍摄出动物清晰、铁笼虚化的效果。

不过，对于那些攻击性强的动物，在采用这种办法拍摄时，需要注意人身和器材的安全。

在动物园拍摄，极容易受到铁丝网的干扰

通过一些技巧，可以很好地避开铁丝网干扰

在动物园拍摄，还会受到玻璃反光的影响。解决这一问题，主要方法有以下几种。

（1）如同避免铁丝网干扰一样，尽可能将镜头贴近玻璃表面，从而避免玻璃反光。

（2）利用偏振镜，减少玻璃表面反光。

（3）变换位置，选择反光最弱的地方进行拍摄。

隔着玻璃拍摄，容易受到玻璃反光影响

变换拍摄角度，可以一定程度地避免玻璃反光

 400mm
 f/5.6
 1/800s
ISO 400

使用长焦镜头，可以很好地避开周围障碍物的干扰

100mm
f/3.2
1/400s
ISO 1600

在光线不足的情况下，可以通过提高感光度的方法进行拍摄

200mm
f/2.8
1/1000s
ISO 640

采用仰视、特写的方法，可以避开画面中的杂乱项，使画面主体更为突出

200mm f/5.6 1/800s ISO 800

选择适合的拍摄角度，可以避开周围诸多干扰物的影响，从而使照片自然气息增强，画面更精彩

训练104　水族箱鱼类拍摄练习

诸多动物题材中，颜色最为多彩艳丽的莫过于水中的游鱼。通常，与生活联系较近的便是水族箱中游鱼的拍摄。接下来，将从一些拍摄技巧入手，介绍水族箱中游鱼的拍摄技巧。

100mm
f/8
1/500s
ISO 320

诸多动物题材中，鱼类因其色彩丰富而被很多摄影爱好者所钟爱

游鱼拍摄，可以从以下几点着手。

（1）结合周围生态环境一起构图。

为使得鱼儿能在更加接近原始生态的环境中生存，水族馆都会装饰水草、珊瑚等，结合周围这些场景一起构图，可以使拍摄的鱼儿更加贴近自然原生态。

（2）选择游动速度相对较慢的鱼儿进行拍摄。

拍摄水中的游鱼时，通常室内光线不足，很难保证很快的快门速度。这时为了拍摄到清晰的游鱼照片，应尽量选择游动速度相对较慢的鱼儿进行拍摄，从而增加拍摄成功率。

另外，在实际拍摄时，通过提高感光度，使用中等光圈，可以一定程度地增加快门速度，从而最大程度确保照片中的鱼儿清楚。

结合周围水草一起构图，照片更显充实

结合周围环境一起构图，照片更为精彩

100mm f/8 1/800s ISO 2000

选择游动速度较慢的鱼儿进行拍摄，可以获得清晰的照片

训练105　昆虫拍摄练习

拍摄昆虫，是非常考验耐心的一件事情。有的时候，为了拍摄出一张精彩的昆虫作品，甚至有可能在同一个地方待好几个小时。

100mm
f/8
1/400s
ISO 800

借助微距镜头，可以很好地表现昆虫细节

为了更为高效地拍摄出精彩昆虫作品，在刚开始尝试拍摄昆虫时，需要着重注意以下几点。

（1）昆虫摄影之中的对焦练习。

昆虫体型较小，为清晰表现昆虫，多使用微距镜头进行拍摄。由于微距镜头带来的浅景深，即使微小的机身晃动都有可能造成对焦点的偏离，所以拍摄者最好使用手动对焦模式进行对焦拍摄。另外，在使用手动对焦拍摄时，也应使用三脚架稳定相机，避免因手持不稳造成的失焦问题。

（2）选择有露水的清晨或雨后拍摄沾满水珠的昆虫。

通常，在有露水的清晨或雨过天晴之后这两个时间段，昆虫身上会附着很多细小的水滴。选择这个时段拍摄，一方面结合水滴，昆虫更显整洁清新；另一方面，此时的昆虫因周身附着水珠，其行动也相应减缓，尤其是带有翅膀的昆虫在此时更是无法飞行，这便也增加了拍摄成功的可能。

（3）利用对角线构图增添几分活力。

一些昆虫外形优美对称，色彩艳丽，为使画面更具活力，可以使用对角线构图的方法进行拍摄。

佳能相机的手动对焦拨杆

尼康相机的手动对焦模式拨杆

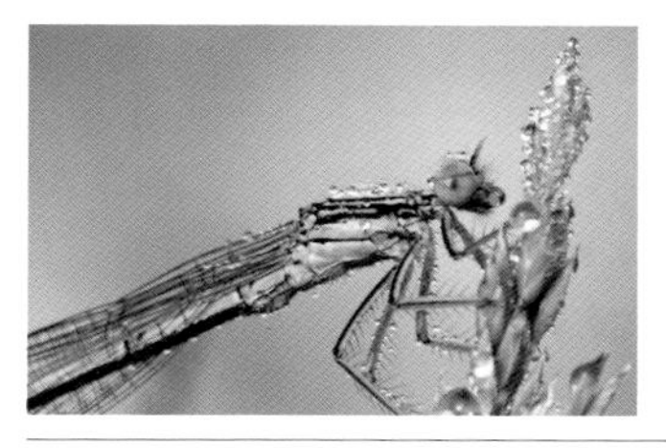

选择在有露水的清晨拍摄蜻蜓

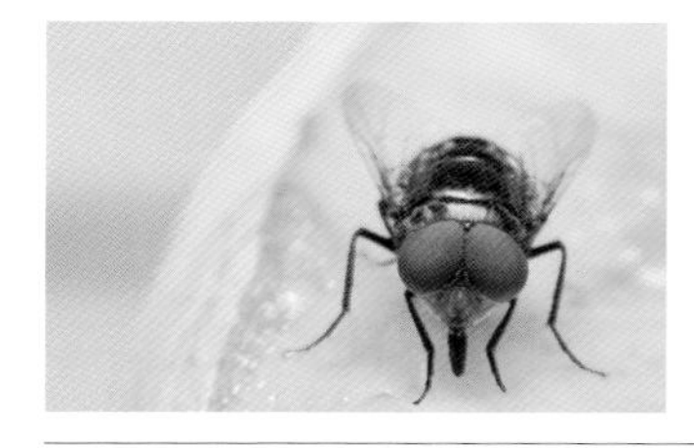
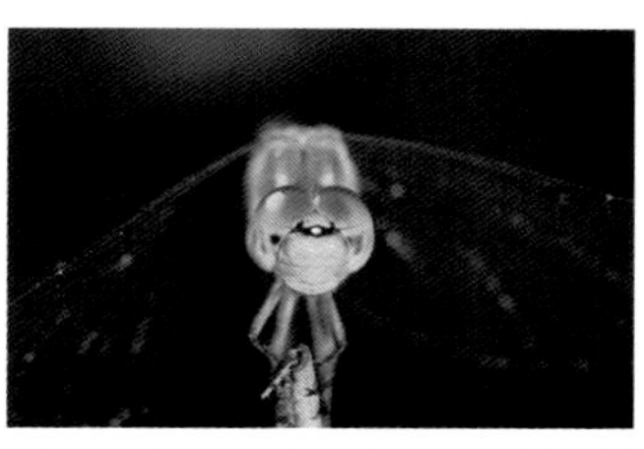

昆虫摄影中，为提高拍摄水平，需要多加练习手动对焦，并将焦点对在昆虫的眼睛上

100mm
f/3.2
1/800s
ISO 400

与横平竖直相比，对角线构图可以让照片更为生动灵活

100mm
f/7.1
1/500s
ISO 800

将蝴蝶翅膀安排在同一焦平面内，照片中的蝴蝶整体较为清晰

训练106　鸟类摄影练习

越来越多的摄影爱好者喜欢拍摄飞鸟，业内也将拍摄飞鸟称为“打鸟”。与其他种类动物题材拍摄相比，飞鸟拍摄有着其独特的技巧，在拍摄时应多多练习，多多体会。

70mm
f/8
1/1250s
ISO 800

掌握一些鸟类拍摄技巧，可以更好地拍摄出精彩鸟类照片

为更加顺利地拍摄鸟类，需要注意以下几点。

（1）器材选择。

大多数的鸟类体型不大，也比较胆小，拍摄者很难距离它们很近进行拍摄，因此，在拍摄飞鸟时，需要准备一支长焦镜头，以保证在较远的距离外完成拍摄。一般情况下，选择焦段在300mm以上的长焦镜头，就可以满足大多数拍摄需求。

另外，选用长焦镜头，带来的是视角范围缩小，安全快门也随之增加，因此，在拍摄之前，还需要准备一款稳定性较好的三脚架。

（2）在飞鸟前方预留空间。

“前方”可以分两点来理解，一是飞鸟飞行前方，另一是飞鸟视线前方。

在拍摄飞翔的鸟儿时，尽量在飞鸟飞行的前方预留一些空间，以免它们突然加速，冲出画面。另外，在飞鸟前方预留空间，还可以使画面更显完整，增加照片想象空间。

（3）自动对焦模式与驱动模式的练习。

鸟类飞翔或展翅时候，其运动较为激烈，为了拍摄到这些精彩瞬间，通常情况下，会选择相机人工智能伺服对焦（连续伺服对焦）与连拍模式进行拍摄。

佳能相机中的人工智能伺服对焦模式

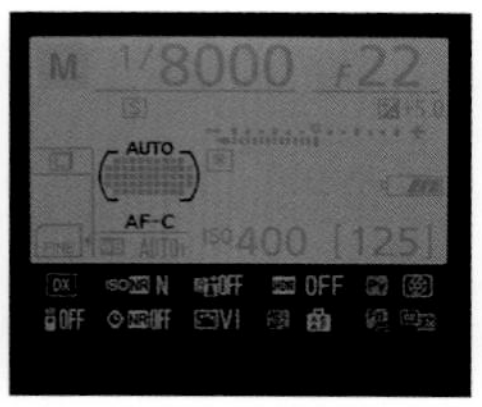

尼康相机中的连续伺服对焦模式

佳能相机中的连拍模式

尼康相机中的连拍模式

在拍摄水中展翅的天鹅时，可以提前将自动对焦模式设置为人工智能伺服对焦（连续伺服对焦）；为了在拍摄过程中不错过精彩瞬间，可以开启相机连拍或高速连拍功能，拍摄一组天鹅振翅的照片，从而抓拍到天鹅振翅过程中的精彩瞬间。

400mm
f/5.6
1/800s
ISO 800

在鸟儿飞行前方预留空间，让画面更自然协调

500mm
f/7.1
1/1000s
ISO 640

使用长焦镜头，可以在远距离的位置，不惊动丹顶鹤的情况下拍摄到它们

600mm
f/5.6
1/2000s
ISO 1600

借助人工智能伺服对焦与连拍模式，可以更好地抓拍到天鹅起飞时助跑的精彩瞬间

400mm f/5.6 1/1000s ISO 400

使用长焦镜头可以更好地捕捉到鸟类诙谐可爱的瞬间

图书在版编目（CIP）数据

摄亦有道 : 数码摄影的106种训练 / 陈丹丹著. -- 北京 : 人民邮电出版社, 2016.7
ISBN 978-7-115-42580-5

Ⅰ. ①摄… Ⅱ. ①陈… Ⅲ. ①数字照相机－单镜头反光照相机－摄影技术 Ⅳ. ①TB86②J41

中国版本图书馆CIP数据核字(2016)第116217号

◆ 著　　　　陈丹丹
　责任编辑　陈伟斯
　责任印制　周昇亮

◆ 人民邮电出版社出版发行　　北京市丰台区成寿寺路 11 号
　邮编　100164　　电子邮件　315@ptpress.com.cn
　网址　http://www.ptpress.com.cn
　北京顺诚彩色印刷有限公司印刷

◆ 开本：690×970　1/16
　印张：18　　　　　　　　2016 年 7 月第 1 版
　字数：532 千字　　　　　2016 年 7 月北京第 1 次印刷

定价：79.80 元

读者服务热线：(010) 81055296　印装质量热线：(010) 81055316
反盗版热线：(010) 81055315
广告经营许可证：京东工商广字第 **8052** 号